知乎
有问题 就会有答案

另一种天才

找到你不平凡的隐藏天赋

柴桑 —— 著

北京联合出版公司
Beijing United Publishing Co.,Ltd.

图书在版编目（CIP）数据

另一种天才 / 柴桑著 . -- 北京：北京联合出版公司，2022.1
ISBN 978-7-5596-5728-2

Ⅰ．①另… Ⅱ．①柴… Ⅲ．①思维方法—通俗读物 Ⅳ．① B804-49

中国版本图书馆 CIP 数据核字（2021）第 229080 号

另一种天才

作　　者：柴　桑
出 品 人：赵红仕
责任编辑：徐　樟
策　　划：知乎 BOOK
出版监制：张　娴
策划编辑：魏　丹　刘　璇
营销编辑：崔偲林
责任校对：王苏苏
封面设计：曲祎斐　周宴冰
内文排版：芳华思源

北京联合出版公司出版
（北京市西城区德外大街 83 号楼 9 层　100088）
北京联合天畅文化传播公司发行
三河市兴博印务有限公司印刷　新华书店经销
字数 230 千字　889 毫米 ×1194 毫米　1/16　17.5 印张
2022 年 1 月第 1 版　2022 年 1 月第 1 次印刷
ISBN 978-7-5596-5728-2
定价：58.00 元

版权所有，侵权必究
未经许可，不得以任何方式复制或抄袭本书部分或全部内容
本书若有质量问题，请与本公司图书销售中心联系调换。
电话：(010) 64258472-800

自序
在这个混沌的时代，清醒地活着

2020 年 12 月 3 日，我写完了这个自序，刚好也是我 23 岁的生日。

"反正也不会有什么人读作者自序啦。"我这么想着，大胆地说点写这本书的初心。

在冒险电影《丛林》中，主角即将在极度的饥饿寒冷之中陷入昏迷，为了让自己清醒，他脱掉衣服，砍断布满火蚁的树，让火蚁爬遍全身，被叮咬后灼烧的疼痛唤回了他的意识，最终成功获救。当时他那从痛苦中猛然清醒过来的神态，给了我极大的震撼。

没有人喜欢痛觉，但又不得不承认，痛觉带给人的不只是不适感，更有迫使人清醒的刺激感。当代人已经不需要迫于生存而刺激肉体得到痛觉了，缺乏的是被娱乐化大数据裹挟麻痹后的认知上的痛觉。

不知道为什么，互联网时代所有的自媒体、营销号都在想方设法迎合人的"爽感"。他们不停地产出过度简化的、爆点密集的内容。专家开始下沉，小丑肆意表演，他们不断以能让人感到高度舒爽的方式，给予人们虚假的获得感。

即使他们分明知道，只有痛觉才能让人真正地清醒与成长。

我混迹各平台的直观感受是：微博、抖音、B站等平台都在往同一个趋势发展——不断地增加量产型内容。

平台内大量涌入的营销号是有力的证明之一。这些营销号经常炒冷饭，发多年前火过的内容。因为他们不愿意自己生产原创内容，于是便反复发这些曾经被证实能火的题材。

当有新的热点出现，他们又会一窝蜂地凑上前去希望蹭上一些热度，不断改编、模仿、多次创作，甚至直接搬运或抄袭。

他们只在意数据，从来不在意这些内容对读者有何影响。哪怕是那些批判他们的评论，也不过是让内容快速火爆出圈的诱饵罢了，某些人甚至还会刻意引导读者骂自己，煽动情绪，带动数据增长。

不知道从什么时候开始，"出圈"和"爆款"不再依赖内容的质量，而要靠追热点的速度和煽动情绪、引导读者的技巧。

不知道从什么时候开始，作者不再表达自己经过深思熟虑的内容，而只表达读者想听的。

我也是一个自媒体人，从 2020 年开始，我的阅读数据便有所下滑，我有些困惑，因为我一直保持输入来提升内容质量。后来一家 MCN 机构的 CEO 告诉我：你的内容质量的确不低，但有些烧脑，不是现今读者喜欢的。

他建议我多写一些简化的、搞笑的、不怎么费脑子的内容，再多用一些技巧去诱导读者点赞评论，引发传播。那两个月我相当纠结，苦于数据，又困于良心，即使我知道良心不值几个钱。最后我想了想，还是没有往那个方向调整。

这当然不是因为我的人格有多伟大，主要还是因为我目前不算缺钱，至少还没有到靠做不喜欢的事情来换取数据的地步。于是趁我还不缺钱且尚清醒的时候，我赶紧写了这本只说实话、只讲本质的书：

第一章：为大脑打个补丁

人的大脑天生存在着认知缺陷，这一章主要包括一些我们每天都在经历却从未留意或深挖过的 B 面认知：鸡汤与干货、消费与人生、认知固化的现代产物，以及大数据的控制。

这一部分将为我们大脑存在的"漏洞"打上补丁，使我们不再那么容易被资本与媒体操纵，找回大脑的独立运作权。

第二章：思维的强化和升级

这一章是一些比你的同龄人都高一个维度思考的方法论，包括超强的学习力、六顶思考帽、沉浸式阅读、非功利学习，以及拯救你间歇性堕落的 21 分钟基调原则。

第三章：击破冰山下的认知惯性

想要让认知得到蜕变，必须驱逐错误的固有认知，这一章将会带你看到更加鲜活的真实世界。它们可能是反常识的、颠覆价值观的，却能破解你一直以来的无解之谜：为什么自己越学习会越退步，如何摆脱初学迷茫，为什么学到的东西都中看不中用，拖延、爱幻想和不自律该怎么办，以及什么都会一点但都不精通的诅咒等。

第四章：拥抱未知，面向未来

"不确定性"是近几年讲得较多的词之一。时代颠覆变化的速度让人惶恐，这一章会告诉你应对未知潮水的底层逻辑，包括配得上的"潜规则"，汲取黑色生命力，压力的反转审视，一套演化工具箱。

终章：跳出时代的"缸中之脑"

大胆地让想象力飞一会儿，预测一下未来 AI 将会对人类社会产生的影响，其实已经微有征兆：一部分人被解放了双手，另一部分人则被替代了大脑。

我将这本书命名为《另一种天才》，但这不是一本讲如何"天才速成"的爽型干货，而是在还原"后天觉醒"的挣扎历程。

外力会导致肢体上的痛觉，什么会导致认知上的痛觉呢？毫无疑问是阅读。我很赞同许多作者所坚持的"只写有价值的，对得起自己，对得起每位读者的书"这一价值观，同时也坚持"必须能刺激清醒的认知痛觉"。

认知痛觉，能够触达人的"灵魂"。

张宁在《创作者》中说道:"创作就是从'你'开始的,没有哪个人设比自我更加独特。"

作者也好,博主也罢,都是最容易被外部评价系统绑架的身份:"要跟着流量走,要跟着大众口味选题"。这样做,看似呼风唤雨,其实也很痛苦且毫无意义。追逐流量,意味着需要不断追逐最新的潮流,不断被市场所内卷,永远无法为了自己创作和成长。

我希望做一个有灵魂的人。做少数人热爱的英雄,而不是多数人不讨厌的偶像。在自我发展的过程中,能首先意识到自己的需求,而不是别人的需求。

我为那些一辈子都被裹挟在混沌世界里随波逐流的人感到可惜,他们没有"痛"过,没有感受过清醒后的耳目澄清。"痛觉"并非"痛苦",若没有短暂的痛觉让自己清醒,人便会陷入长久而不自知的痛苦。

我很喜欢的博主易北写过这么一段文字:

> 非常悲哀。悲哀在于,这一代人,并没有真正见过短暂的黄金时代,也没有机会感受那个时代对于知识的饥饿急躁、对探索的热情真诚。
>
> 思想解放是什么,是望向万里河山的,不是盯着眼前一亩三分的。美学是什么,是突破长期束缚,在转型期蓬勃而出的亮色。讨论是什么,是争鸣,是把所知所感大胆表达,甚至隐隐透露精神趣味。
>
> 这些都生机勃勃、浪漫、感性,像风一样。
>
> 但没有见过——没有见过、没有向往,到没有审美、没

有独立意识。

　　我们也悲哀，悲哀在于曾摸到过黄金时代的尾巴，没想到手持的书卷已经发脆，上面写着走向未来。

　　这个世界上已经有太多平庸的内容和价值观，太多找不到灵魂的创作者和消费者。希望看到这本书的你，能够成为另一种天才，希望你在这个混沌的时代，清醒地活着。

目录

CHAPTER 1 第1章
为大脑打个补丁：
你从未留意过的 B 面认知

- 01 心灵鸡汤 VS 科学认知：你的痛点与病点 / 3
- 02 物质与精神的交互：被消费观所规划的人生 / 17
- 03 "杠精"横行的时代：剖析认知固化的元凶 / 29
- 04 非常态露出的时代：大数据媒体如何操控我们的世界观 / 41

第2章 CHAPTER 2
思维的强化和升级：
比你的同龄人都高一个维度去思考

- 01 超强学习力练成术：如何快速学习一门技能 / 55
- 02 六顶思考帽：精英的多维度思考方法 / 76
- 03 沉浸阅读的心法：威尼斯阅读与杂货铺阅读 / 87
- 04 非功利学习的红利：为什么要学"没有用"的知识 / 99
- 05 21 分钟基调时区：拯救你的间歇性堕落 / 111

CHAPTER 3 第 3 章
击破认知冰山下的惯性：
扭转错误的固态认知

- **01** 认知球面的诅咒：越学越退步的破解法 / 125
- **02** 质与量的纠缠：摆脱初学迷茫的哲学公式 / 138
- **03** 摆脱"行为艺术"式学习：重构专注力和意志力 / 149
- **04** 坏习惯的多米诺骨牌：拖延、爱幻想与不自律该怎么办 / 162
- **05** 达·芬奇的诅咒：什么都会一点但都不精通，是好事还是坏事 / 176

第 4 章 CHAPTER 4
拥抱未知，面向未来：
如何应对这个不确定的时代

- **01** "配得上"的潜规则：如何让大佬心甘情愿地把他所学教给你 / 191
- **02** 汲取黑色生命力：人是怎么变强的 / 202
- **03** 压力的反转审视：如何将压力巧妙转化为动力 / 213
- **04** 流体的世界：用演化工具箱适应这个多变的社会 / 227

CHAPTER 5 第 5 章
跳出时代的"缸中之脑"

- **01** 开启创造者视角：重新理解与构造真实世界 / 243
- **02** 未来 50 年，AI 是会解放你的双手，还是取代你的大脑 / 256

第 1 章
CHAPTER 1

为大脑打个补丁：
你从未留意过的 B 面认知

  人的大脑天生存在着认知缺陷,在这里我会告诉你一些你可能天天都在经历着,却从未留意或深挖过的B面认知。
  包括:鸡汤与干货、消费与人生、认知固化的现代产物,以及大数据的控制。
  你的大脑漏洞会被打上一个补丁,不再那么容易的被资本与媒体操纵,找回自己大脑的独立运作权。

心灵鸡汤 VS 科学认知：
你的痛点与病点

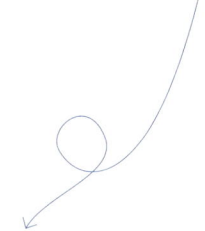

三年前，我还是科普方向的作者，近两年因为想挑战一些更个人化的写作方式，于是转型到了如今的成长思维领域。

刚转型时，我仍然习惯利用大段引用与解释写作，这让我的文章非常不接地气，我的编辑老师经常对我说："概念写得还不错，但是能不能改改你写科普的习惯，多说点儿人话？"

经过几轮修改，我又收到这样的私信：有人说我写的是鸡汤。那在某种意义上也算在夸奖我写得越来越接地气了。

令人欣慰。

只要是带点儿情绪的写作，都有被诟病为鸡汤的可能。但精准定义的话，到底什么内容才算鸡汤？这些鸡汤为什么一边篇篇阅读量 10 万 + 一边又不断被诟病？

干货和鸡汤最本质的区别在哪儿？为什么看完鸡汤后会产生一种"爽"感？

01

"心灵鸡汤"这个说法来源于1993年由杰克·坎菲尔与马克·汉森共同出版和发行的"心灵鸡汤"系列图书，主要通过一些小故事来讲述人生感悟，意在传递正能量，温暖人心。

或许你还记得纸媒时代的《读者》《意林》《青年文摘》等杂志刊登的一些哲理小故事，鸡汤在那时就开始盛行了，但当时大众对鸡汤的定义没有任何贬义。

当时，文章需要达到一定的内容门槛，经过严格的人工审核后才能发表，即使是鸡汤，也算是有味的鸡汤。但在互联网时代，这种写作模式逐渐套路化、无营养化，能够被无障碍、无门槛、无限制地在全网各平台发表，甚至轻轻松松拿到10万+。

自2013年起，也就是微信公众号刚爆发的那一年，朋友圈掀起了一阵转发鸡汤的热潮。这些鸡汤文章普遍在2000字左右，引用大量故事，结合毫无逻辑的道理，唤起大量人群的共鸣。许多公众号借助这种"短、爽、装"的互联网新文体，一夜成名，吸粉上百万。

即使现在许多头部公众号"改邪归正"，大幅度转型，但我仍然记得它们的前身是如何靠鸡汤起家的，比如"新世相"的前身"世相"，以及至今仍在快餐阅读时代延续高级鸡汤路线的"十点读书"。

当鸡汤的泛滥使其成为一种模糊的文体符号后,大家便习惯把看到的情感类文章都称为鸡汤,很多情感成长方向的作者也自称"鸡汤写手",他们经常抱怨说:"最近实在煲不出新鲜的鸡汤了。"

百度百科上对"心灵鸡汤"的定义是:含有知识、智慧和温暖的话语。心灵鸡汤是一种安慰剂,可以怡情,做阅读快餐;亦可移情,在遭遇挫折或感到抑郁时转移负面情绪,或在低落时产生"打鸡血"一般的效果。

但互联网时代的鸡汤变味了。在信息爆炸、人们心态浮躁的背景下,鸡汤呈现出一种神奇的特征:过度的逻辑省略和极端的共情烘托,让爱读鸡汤的人意识不到自己读的是鸡汤,他们觉得自己读的是"温情"的文章,甚至将之奉为生活真理。

鸡汤写作就像按摩,相当容易抓住痛点,也容易控制力道,见效还特别快。

古希腊神学及哲学的修士埃瓦格里乌斯·庞帝古斯(Evagrius Ponticus),定义出八种损害个人灵性的恶行,即"暴食、色欲、贪婪、暴怒、懒惰、忧郁、虚荣、傲慢",衍生至现代人的根本痛点:对应懒惰,教你自律的人生最成功;对应暴怒,教你温柔的女人最优雅;对应贪婪,教你为爱花钱的男人最靠谱……

这就是抓住痛点。

在一篇套路写作的鸡汤文里,所有的情节、背景、人物都是预先设定好的。读者读到这里会有什么反应,产生什么情绪,读到哪一段会有高潮,该在哪里引导共鸣,作者全都知道。

简而言之,作者可以通过对故事情节的设置操纵我们的思考和

 XXXXX 今天

情感公众号常用标题风格

你的自律中，藏着你的运气

为什么一定要多见世面？这是我听过最好的答案

独处，决定了你人生的层次

这5个惊人的爱情真相，越早知道越好

改变你人生的10条规则，读完受益终身

你的身材，出卖了你的生活态度

收得住情绪，留得下福气

图1-1 情感公众号标题风格一览

情绪。你所产生的同情、愤懑，甚至恍然大悟很有可能都是作者设定的一部分。

借助数据分析工具与热词搜索工具，当代人的焦虑点、迷茫点都被分析得明明白白，在数据充分、产出量大、有模板套路的情况下写作，控制变量来寻找读者的情绪爆点便是一件相当容易的事了。

这就是控制力道。

读完一篇鸡汤文，效果也立竿见影了。

同学 A 刚被人插队，心生愤懑，恨不得马上和他争辩一番，但看了一篇鸡汤文后，立马就心态平和，头顶佛光，心中暗道：这个世界需要包容，我是胸怀宽广的人，不能和这种人一般见识。A 不仅不生气，还给插队的人送上了一个优雅又不失同情的微笑。

同学 B 刚刚答应队友一起玩游戏，在等队友上线时不小心喝了一碗励志鸡汤，于是立马抱起书冲向图书馆，心中暗道：我的未来我做主，怎么能把美好的青春与时间挥霍在游戏上呢？

这就是效果特别快。

02

我认识一位高端鸡汤作家，他多次上稿情感头部公众号，按他的话来说：" 写鸡汤是可以用模板直接复制量产的。"

于是我试着总结了一下他的写作套路：

1. 提出一个观点——"人只有自律才能走向成功"。
2. 用关键词百度一个励志故事或自己无中生有编一个——"我

有一个朋友，她从前是个××的人，昨天我和她视频时，发现她变了许多，一问，原来她现在已经是×××了"。

3. 把第一条的观点换一种说法总结——"而这都是因为她足够自律，才拥有了现在足够精彩的人生"。

4. 以上步骤重复五六次，最后放一个金句（往往引用名人名言），一篇套路化的标准鸡汤文就出炉了——萧伯纳说过："自我控制是最强者的本能。"自律的人，总会有好运气伴随，连周围的人也会更加宠爱你。

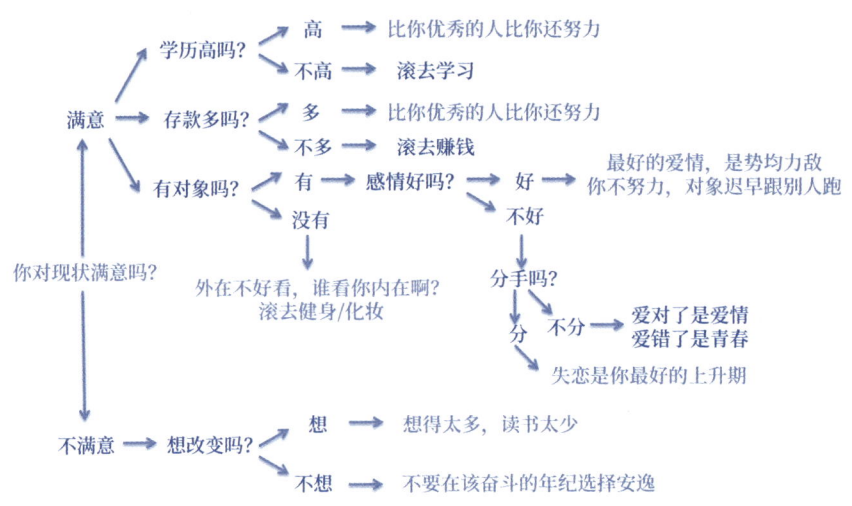

图 1-2　鸡汤文写作套路一览

"鸡汤"到底有没有营养呢？

类比营养学，两者是有一些共通之处的：

从健康角度来说，鸡汤基本没有营养。汤上那一圈金光，都是油脂，鸡汤嘌呤含量高，鲜味主要来自于嘌呤，而脂肪让鸡汤喝起来很香。

知识虽然是跨界的，但在某些领域能产生惊人的融合。

鸡汤闻着香，喝着舒服，但吸收进去没有营养价值，对机体和大脑都是——嘌呤含量高，喝多了增加痛风发作风险。

鸡汤文讲了许多大道理，却没有任何可操作性，一边剥夺人的独立思考能力，一边使人懈怠，行动力变差。

这是一种只有世界观，没有方法论的写作模式，夸大主观能动性，而忽略世界运作的客观规律与随机性。一腔热血猛如虎，一要上手二百五。

作为一种浅层次阅读的东西，鸡汤的可复制性很强，因此无须调用个体大脑中差异化的观点，也用不到真实经验，只需要搜罗一些不知道被改造过几次的名人故事就够了。

而相对地，许多优质原创作者每写一篇文章都需要很长的时间，需要转化自己的经验和阅历，再结合专家学者研究总结出的底层逻辑，在差异化解读的同时还要保证足够的启发性，这样的写作手法才能保证内容足够优质并拥有独特的核心，也是真正的"创新式写作"。

正如"止痛药不治病"的常识，**鸡汤读着那么爽，是因为它压根不想解决你的问题。**

03

真正有成长价值的干货，绝对不是追求当下的舒服。

为了适应现代人"短、平、快"的阅读需求，鸡汤慢慢变得高级起来，或者可以改叫"速溶鸡精"，但本质上是一个逻辑：以故事为基底来讲大道理。

> 认知科学家马克·图纳（Mark Turner）曾说，叙事性的想象（也就是故事）是形成思想的基本方法。

我们的大脑是靠故事理解世界的，所以会讲故事很重要。我们从小通过"孔融让梨""卧冰求鲤"的故事理解谦让和孝顺，通过"草船借箭""特洛伊木马"的故事铭记中西历史，我们的大脑是偏爱故事的。

一篇文章运用故事的方式，也是区分鸡汤和干货的方法之一。

在说道理之前先讲个故事，说十个道理就讲十个故事。等讲完故事都300字了，才说个30字的道理，其中15个字估计还都是引用的名人名言——这是鸡汤。

故事　千惠不仅带着小花做味噌汤，还教小花学挑菜、择菜，做日式点心，精心编制了一份料理笔记给女儿，还教会了女儿洗衣服、叠衣服等家务事。

电影的最后，千惠还是走了，而小花每天恪守着和她的约定，自己煮味噌汤，打理家务，乐观、坚强地和爸爸继续生活下去……

千惠在生命最后的日子里，不仅教会了小花生活技能，更让她学会承担起那份责任，懂得了要"好好照顾爸爸"。

引用　诗人于戈曾说："你什么都可以给孩子，唯独对生活的经历，喜怒哀乐、成功挫折，你无法给孩子。"

道理　一个家需要经营，孩子更是家的一部分。做家务并不只是大人的工作，也应该让孩子参与。

图 1-3　鸡汤文模板解析

而这些故事式的文章，往往在"论据"上浓墨重彩，但是"论证"基本没有。

它们用 95% 的篇幅告诉你一个故事，最后用 5% 升华、点出主旨来收尾。你仔细分析拆解就会发现，论证过程消失了。

假如我能从自制力、认知效率的角度来解释"行为艺术学习法的弊端"，我就绝对不会只说一句"你只是看上去很努力"。哪怕后者看着更直观，但没用就是没用。

逻辑和论证很重要，在理论层面，它是唯一能够验证道理可行性的渠道。

而相对来说，深度的干货文整篇都在解释一个准确的理论或现象，当过程实在晦涩难懂时，才会说个故事来辅助理解，或在最后通过举例来教我们如何运用。

==所以说两者真正的区别在于，鸡汤会通过大篇幅的故事，省略论证直接得出结论，而干货则只是利用故事来辅助理论的解释与运用。==

04

鸡汤最爱做的事情，就是把看似复杂的现象，用简单到怀疑逻辑的语言，通过故事慢条斯理地告诉你，让你感受到思想被安抚的愉悦感。

而干货则需要你逆本能地不断抛弃和更新那些旧观念、旧思维、旧框架，最重要的是亲自践行，验证它到底对自己有没有用，实践过程很累，甚至扎心。

因为干货并不会试图去寻找你的痒点和痛点，它只找得到你的"病点"。

每个人基于个人的阅历和教育经历，或多或少都有一些认知误区。每个人在不同人生阶段的思维"病"都不一样，甚至许多人还不知道自己得了什么"病"。而治病，或者意识到自己得了什么病的过程是不好受的，我们会感到认知被颠覆的痛苦，改变固化思维的艰难，接受差异的矛盾……

但大脑跟肌肉一样，越锻炼越坚韧。如果我们提高自己对复杂问题的思考能力，多读论述性、说理性的内容，多对内容进行分析和框架化，慢慢地，你会发现：

==以前那些让你甘之如饴的鸡汤，现在喝起来都像白开水，完全对不上胃口了。==

我本人针对不同的平台调性也有两种写作文风，为了便于大家理解与互动，我在公众号上的文章对一些概念会刻意简化或口语化，尽量不说逻辑太绕的长句，还会加表情包来着重传达中心思想。

但在知乎的"盐选"专栏，为了保证优质的会员内容，我不会有任何逻辑和概念上的简化，而且基本是纯文字，除了必要图表外不予赘述。而写书时，我更会不断地加强理论的逻辑链条，力求严谨和足够的深度。

公众号写法	而相对地，许多优质原创作者每次写一篇文章都需要挺久，因为他们转化了自己的经验和阅历，也想让自己的内容更加独特，有差异性。
盐选专栏写法	而相对地，许多优质原创作者每次写一篇文章都需要挺久，因为需要转化自己的经验和阅历，再结合学者专家研究总结出的底层逻辑概念，在差异化解读的同时还要保证足够有启发性，这样的写作手法才是保证原创内容足够优质和独特的核心，也是真正的**"创新式写作"**。

图 1-4　我的写作风格对比

05

看到这里，你可能觉得我是很鄙视鸡汤的。

其实正相反，虽然鸡汤有着诸多如刻意迎合情绪、消磨光阴的诟病之处，但也有一些不可替代的好处。

我最迷茫和焦虑的时候，每天都在简书上看鸡汤，今天看《牛羊才会成群，狮虎只会独行》，明天看《改变不了的事就别太在意，留不住的人就试着学会放弃》，可谓相当充实地糟蹋着时间。

但不得不说，它们作为廉价的"能量饲料"帮我挺过了那段黑暗的时光。

当一个人处在人生低谷的至暗时刻时，真的很难振作起来去专注地读一些需要深度思考、调用大量认知资源才能啃动的硬核书，此时如果有一篇朴实无华的鸡汤看，虽然不能真的指引我们活得更好更正确，但总可以拽着我们离深渊远一点儿。

尽管鸡汤文的简单套路和粗暴逻辑可能对我们产生误导，但它对于身陷迷途或者绝望中的人来说，或许也算一道模糊的光。曾经有一个读者从低谷爬出时，特地来跟我分享那本启发过他，让他振作起来的书，其实就是一本鸡汤书——《你只是看起来很努力》。

鸡汤固然没有营养，但能让你苟活下去。止痛药固然不治病，但能让你咬住牙多熬一会儿。

它有个既定的益处：能以煽动性的方式构成"触机"，以此触发我们想做某事、想努力的情感和信念。

鸡汤本身并没有很糟，它毕竟为你提前设想了关于未来的美好愿景，给予你上进的动力。真正糟的是，沉迷于这种预支来的虚幻念想，而再难接受来自真实世界的认知痛苦。

鸡汤本身也不可怕，可怕的是人格不独立。

如果一个人的精神价值的体现长期依附于外物而非自己，这才是最可怕的。

鸡汤 x 痛点
干货 x 病点

避免沉迷于鸡汤预支来的虚幻念想,
而要治疗真实的认知病痛。

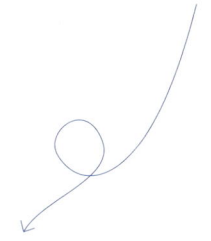

02

物质与精神的交互：
被消费观所规划的人生

知乎上有一个热门问题：

> 为什么一瓶水加氮气制成的、成本不超过 10 块钱的某喷雾，300 毫升能卖到 180 元？

回答者争论不休，有人为某喷雾辩护"原料稀缺，瓶子设计人性化，渠道成本贵"等，也有人冷嘲热讽，理性地解析消费主义，讽刺消费者交了智商税。

互联网时代发展下电商红利爆发，催生了五花八门的消费方式和消费观念，有人用花呗入手迪奥最新款的口红，有人 5 块钱运费都不肯掏，有人一件风衣连穿三年，有人每年春节都要囤一身貂。

对于不同的消费观，我们很难界定孰好孰坏，只不过同时作为旁观者和参与者，我们也有意识或无意识地在与消费主义共舞。

近年兴起的"割韭菜"一词，百度百科的解释是：原指韭菜达到了生长盛期，可以进行收割。现在比喻机构、基金、大户抛售股票导致股票市场（或个股）大跌，为其迎来新的建仓机会，再重新在低位建仓，如此循环波段操作，获取利润。后来逐渐泛化，也应用到其他类似的场景里。怎么才算被割，怎么才能预防被割，根据每个人消费观的不同，也是没有准确的定义或答案的。

消费主义的确掀起了一阵狂澜，并或多或少影响到大众的理智消费观。但消费主义到底有什么样的魔力，让人心甘情愿地将钱拱手奉上，甚至甘之如饴？

01

每年双十一，我的兴趣都不在购物，而是看那些消费套路分析，什么"价格歧视""比例偏见""损失厌恶"，感受什么叫为了"割韭菜"最大化开发人类的智慧。

这里面有个关于消费观的概念，叫作"心理账户"（mental accounting）。

> 心理账户：由芝加哥大学理查德·泰勒（Richard Thaler）教授提出，是行为经济学中的一个重要概念。指心理上对结果（尤其是经济结果）的分类记账、编码、估价和预算等过程。它揭示了人们在进行（资金）财富决策时的心理认知过程。由于消费者心理账户的存在，个体在做决策时往往会违背一些简单的经济运算法则，从而做出许多非理性的消费行为。

简单地说，之所以每个人的消费观不一样，是因为大家心里都有一杆秤，这杆秤可以衡量事物的价值，帮你做出决策。当你决定是否购买某样东西时，看你内心给它的定价高不高。

举个例子，每年库克在苹果发布会上介绍 iPhone 新品手机功能时，许多人都会根据往期的发布情况对新品进行一个心理估价——基本都在 7000 元以上。

在我们接受了之前 iPhone 高价格的标签时，2019 年，iPhone 11 却以 5499 元起售，拼多多上"百亿补贴"专区再减 500 到 900 元不等，最低 4999 元即可到手。

于是很多人内心的心理账户底线就被打破了，加上 24 期免息分期，一期 229 元起——"这不就等于白送？"

这也是当年 iPhone 11 销量大增的原因之一。

同样是 30 块钱，一杯喜茶说买就买，一个爱奇艺会员却要哭着喊着找好友借。

有人愿意花 200 块钱去看一次画展或者听一场音乐会，也有人觉得不如拿这钱去吃一顿大餐。

我们会把钱分门别类地放在不同的心理账户里，有生活开支账户，有旅游出行账户，有恋爱约会账户，有娱乐休闲账户……

每个人在各个心理账户里存的钱都不一样，由此衍生出了不同的消费观。

消费主义则是通过全覆盖广告、明星代言、偷换概念等，不断地往每个人的心理账户中灌输"品牌"的权重，从而让人为品牌溢价买单。

自媒体们会写这样的文章：

《别在该好好花钱的年纪谈恋爱》

《女人的心情，三分靠打拼，七分靠 shopping（购物）》

《你不肯花钱宠爱自己的样子，真的很丑》

广告主们会张贴这样的标语：

"精致的猪猪女孩怎么能没有一整套口红色号？"

"穿上香奈儿，灵魂都是有香气的女子。"

"戴劳力士，你就是霸道总裁朱一旦，随时发配员工去非洲。"

消费主义操纵社会，鼓励消费至上，把"品牌等同于社会地位"的印象塞进了人们的心理账户中。

消费主义的本质，是给予物质虚拟意义，用各种概念包装自己的物品，再进一步上升到我们的世界观、人生观、价值观。

他们不会让人直接买买买，而是潜移默化地向我们灌输一些观念，比如用香奈儿的香水会让你显得精致与高人一等，没有 Air Jordan（耐克公司旗下的运动鞋品牌）系列球鞋你就会显得特别土。

甚至产生了这种神逻辑：

"你愿意花几千块钱买游戏，但连迪奥的口红都不愿意给我买？原来在你心里我连 300 块都不值！"

潜台词："原来在你心里游戏比我还重要，分手吧。"

人的心理账户中一旦有了品牌的空间，也就有了相当多的资本可操纵空间。人们会把品牌当成一种"社交货币"，认为一个人使用什么样的品牌，往往就意味着他处于什么样的阶层，拥有什么样的圈子。

这就是"品牌"带给我们的幻觉。

在消费主义社会，品牌的使命就是让我们觉得：通过购买某样东西，我们就能成为某种人。

但是，电视剧《三十而已》中为加入富豪太太圈而购买名包的顾佳的经历生动地告诉我们，想让自己属于某一个阶层和圈子，需要能力和资源作为支撑，外在的"品牌符号"只不过是一张门票。就算你拥有门票，进了这个圈子，没有相匹配的能力与资源，也只能尴尬地成为照片里被裁掉的人。

02

消费观所影响的，远不仅仅是你的存款和流水，还有你的人生走向。

高中时，大家的日常都差不多，吃一样，学一起，穿一样丑的校服，父母也不多给生活费，彼此看不出多大的差距。

到了大学，从穿着和娱乐方式上能看出来谁是富二代，但大家仍然学在一起、住在一起，起跑线差不多，消费观还不会过多影响大家之间的关系。

毕业工作，有了自己的可支配收入后，消费观带来的差异就显现出来了。

假设，毕业后入职同一家公司，每个月收入相同的两个人，扣除基本生活费，一个人平时会把钱花在买大牌包包鞋子，周末看电影和蹦迪的娱乐上，而另一个人平时会把钱花在买书、看展览、知识付费、深度旅行上。

一年下来，他俩流水相同，都没什么储蓄，但五年、十年之后，你觉得他们分别会有着什么样的储蓄，过着什么样的人生呢？

随着时间流逝，我们是能够感受到金钱的流动的。金钱的流动是有方向的，有的循环流动生生不息，有的则黄河之水奔流到海不复回。

为知识付费的人，会感受到金钱经过时间的复利后，循环再回来反哺给他的智识、技能、眼界。对自己花出去的每一分钱，他心里都有数。

而将钱用于一次性娱乐的那位，每年年末都会一头雾水："奇怪，我钱都花哪儿去了呢？"

这是个相当有趣的现象：他们的钱同样储存在心理账户中，某些心理账户的消费记忆会随着消费时间的流逝逐渐淡薄，而有的心理账户中的消费记忆却会历久弥新，甚至主动给记忆添砖加瓦，衍生出新的意义。

而"体验型"心理账户的消费记忆就会比"消耗型"心理账户的消费记忆更持久，且更能让人感到有意义。

体验型心理账户一般是：深度旅行、做手工、看书、写作、健身锻炼等。

消耗型心理账户一般是：买衣服、鞋子、口红、包包，打车出行、游戏氪金、大吃大喝等。

> 温馨提示：购物七折立省30%，全都不买立省100%。

很多人都以为，买基金、投资房地产、存余额宝等行为才算是投资，<mark>但实际上，消费才是最大的投资</mark>。

在哪里耕耘，就在哪里收获。同理，在哪里消费，就在哪里收益。因为当你选择在某处消费时，你不只消费了钱，更消费了自己的注意力。

在娱乐上消费，你会收获到爽完就忘的即时快乐；而在自我提升上消费，你则会持续收获一段无形的、有复利效果的深度体验。

越是抽象无法量化的投入，其收获就越神秘且不可估量，种瓜可能得豆、得蕉、得稻。正是这种无法预测投资结果的、来自最原始的求知欲的诱惑，才会引得好奇心旺盛的人类高速进化，发明创造至今。

03

历史上有过许多"当时并不知道有什么用，但后来突然就派上了用场"的研究成果。

大数学家欧几里得所提出的"欧氏几何"，即我们从小学数学学的"直线可以无限延长""凡是直角都全等"的几何公理，研究的是平面的图形，比如圆形、三角形、正方形。

19世纪，罗巴切夫斯基和黎曼提出了曲面上的几何理论，不同于欧氏几何的几何体系，所以又叫作"非欧几何"。

> 比如，在欧式几何里，三角形的三个内角加起来 =180°。但在曲面的非欧几何里，三角形的三个内角加起来不仅可以＜180°，还可以＞180°……

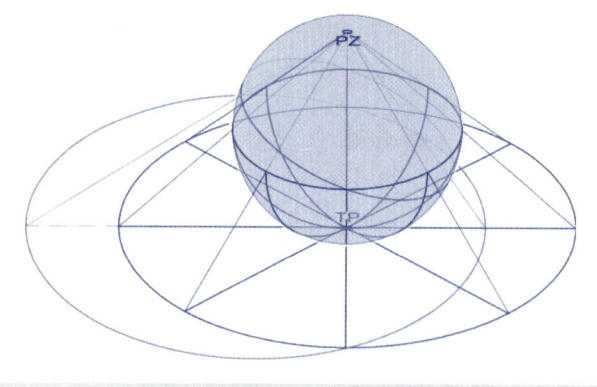

图 1-5 维基百科"非欧几里得几何"

当时的数学家都不理解,研究弯曲空间的几何有什么用?这只适用于抽象空间的研究。但百年后,1915 年,爱因斯坦借用黎曼几何的数学表述,提出了能解释宇宙的广义相对论(时空是四维弯曲的非欧黎曼空间)。

大哲学家苏格拉底也出生在了好时候。

他把自己看作神赐给雅典人的一个使者,任务就是整天裹着毯子找人谈话,讨论问题,探讨对人最有用的真理和智慧。

可能他们也曾经浪费了许多个下午,白喝了不少葡萄酒。他们或许也并不知道自己在讨论的东西在未来有什么用处,会对世界产生什么影响,只是单纯地愿意把时间与金钱投资在对知识的探索上。

有些投资是几乎百分之百只会得到正向收益的,比如知识。有些最贵的东西往往也是最便宜,最值得投资的,比如书。

> 李笑来说:"一个精英人士花时间认真写出来的书,传递着知识的结晶,却以几乎接近纸张本身的价格卖,贵吗?怎么可能!"

这并非鼓吹知识付费，只是，在阅读或一种特长爱好上消费，或者在让专业人士为你筛选出靠谱的知识获取渠道上消费，怎么都比买一些不符合自己目前消费水平的奢侈品好得多。

其实对于真正的富人来说，"奢侈品"只不过是他们的日用品，只有被消费主义所洗脑的伪中产阶级才会通过购买"奢侈品"来刻意彰显自己的"上等"生活水平。

将超过60%的收入集中消耗在一个非刚需且华而不实的领域，在刚需的吃穿住行上能省则省，这种极化的、不平衡的心理账户分配会严重影响我们真实的生活水准，此时的恩格尔系数（食品支出总额占个人消费支出总额的比重）小可不能代表你很富裕，只能代表你是一根茁壮的"韭菜"。

心理账户，说白了只是一种认知幻觉，但决定用怎样的幻觉去换取怎样的生活和未来，是你自己的选择。

《直击本质》的作者艾菲老师曾提出过一个消费观的"二维四象限模型"，对我很有启发：

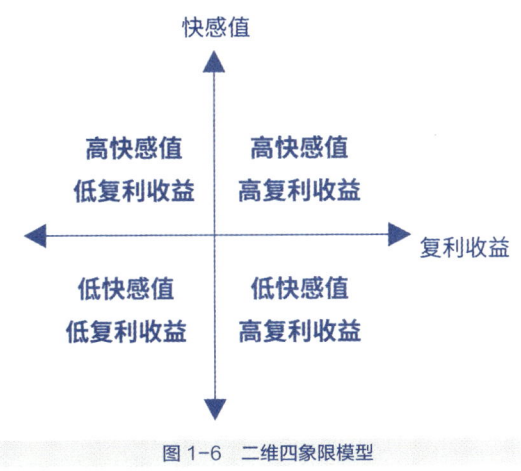

图1-6 二维四象限模型

纵轴代表着"快感值"：指通过当下的消费在较短时间内给你带来的"快感"，包括身体感受到的"快感"、精神体会到的"快感"以及物质得到满足后的"快感"。

横轴代表着"复利收益"：指某种消费能够产生复利效应，进而对你的整个人产生正向影响的收益。

不过，一项消费的"快感值"高低是根据心理账户而言的。比如对追星女孩来说，去听一场爱豆（idol，偶像）的演唱会就是高快感值的；但对于清心寡欲的老学究来说，这就是一场无理智人群的大型扰民活动，快感值甚至为负。

而一项消费究竟是"高复利收益"还是"低复利收益"，就和我们想要实现的人生愿景有关了。比如对于创业型人格的人，结交行业大咖交换一手人脉资源就是高复利收益的事情，而对于隐居型人格的人，能自己静静地坐在图书馆读读被遗忘的历史，就是高复利收益的事情。

所以，我们在构建自己消费观的时候，也该先思考自己的人生愿景和快感渠道，并且尽量调整快感渠道以适配人生愿景。

为什么快感渠道需要调整呢？因为在全民娱乐的时代，接触到的许多都是被人为设计好塞给我们的一次性廉价快感，我们需要尽量摆脱掉这些，多去寻找自我实现类的快感，俗称"正反馈"。

所谓成长精进，无非就是多做"高复利收益"的事，少做"低复利收益"的事，并不断提高自己做"高复利收益"的事时的快感值，把它变成"高复利收益 + 高快感值"的事情。

相对地，什么最值得你做，什么就最值得你消费。如果你不知如何判断现阶段的自己能够承担什么样的消费，这里有一个简单的标准：

如果这个东西你不能百分百确认是高复利收益产品，且没有实用价值，那么只要它的价格超出了你月收入的15%，就砍掉。

但如果你认为它能让你获得精神满足，实在不想砍掉，也可以将就一下二手经济，先试用体验一番。

04

拿我自己来说，虽然在物质生活方面比较简朴，但在精神生活方面却相当不将就。比如在知识付费、深度旅行、高质量社交上花钱都比较狠，综合下来，我也并没有因为物质生活的节俭省下来多少。

不过，我很明白，我的消费的流向最终都是指向我的人生的。

看不见的收益才是最好的，看不见的成本才是最贵的。

如果能做到不该花的钱一分不花，该用在刀刃上的钱一分不省，看似当下消费不低，存款却在缓慢增加。

希望所有你曾经为之消费的东西，在未来都能变成扎实的养分，加倍地供给自身。

摆脱被消费观
规划的人生

有些投资是几乎百分之百
只会得到正向收益的,比如知识。

"杠精"横行的时代：剖析认知固化的元凶

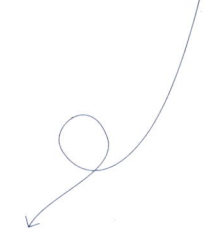

如果让你选一件互联网时代最有代表性的产物，你会想到什么？

我想到的是"杠精"（网络流行语，指经常通过抬杠获取快感的人、总是唱反调的人、争辩时故意持相反意见的人）。

2018年12月3日，"杠精"入选《咬文嚼字》评选的年度十大流行语；12月19日，入选CNLR（国家语言资源监测与研究中心）评选的年度十大网络用语。

他们抬杠成瘾，就像生来就为了从事土木工程行业。

不管你说的是什么，他们开头都是一句"不是"，先反驳再挑刺，通过反驳别人来凸显自己的优越感，再加上一句"只有我一个人觉得……吗？"的句式加持，基本每次都能成功惹翻别人，在别人的雷区"蹦迪"。

由于网民素质的两极分化越发明显，只想文明低调冲浪的网友对上热爱"键盘正义"的杠精总是略逊一筹，最后只能在自己的评论后加上越发长的补充说明，采取对杠精"逃避可耻但有用"的态度。

图 1-7　某网民的评论

苦杠已久的网民们将杠精的养成简单归因为欠缺父母教育，缺乏社会毒打。但解气的归因，往往不科学，不科学的归因，又往往解决不了问题。

而据我观察，杠精也大都意识不到自己是杠精。

对辩手和杠精两种身份来说，在有理有据地反驳和断章取义地抬杠之间，其实存在着一条微妙的鸿沟，即"逻辑链是否正确"。于是在终于摸索出了一条完整的杠精形成链后，我走进了杠精奇幻的内心世界。

许多人都会自信地断言，自己肯定没当过杠精，那就请看完这篇完整的杠精剖析后再好好回忆和自省一下，自己曾经是不是也差点儿变成了杠精？

这条完整的杠精形成链分为四步——信息茧房→记忆孤立→证实

性偏差→逆火效应。

01 诞生：信息茧房

杠精有个很典型的特点，就是你客观地陈述也好，主观地表达也好，他都听不进去，而且会自动代入一个对立的场景用自己的一套"神逻辑"替代你的观点。

大致表现为以下几种。

爱泼冷水型：

仅通过观察群体中的一个人或一小部分，就对整个群体做出标签式概括。

A：我一定要考上这个专业的研究生。

杠精：有什么用，研究生出来还不是给没文化的土老板打工？

以数辨真型：

将一个观点的受欢迎程度视为其真实性或价值的高低。

A：你现在看的这个好像已经辟谣了。

杠精：全微博都在转发还说不是实锤？

偷换概念型：

利用词句上可能出现的歧义来歪曲论据，进行诡辩。

A：这个大米不好，煮的稀饭不够黏。

杠精：502黏，你怎么不去挖一勺？

跨界强凑型：

转移话题，提出不相干的话题来转移原本的讨论焦点。

> A：我昨天领养了一只流浪猫。
>
> 杠精：这么热心肠怎么没见你去福利院照顾老人？

是不是代入感很强，已经想和杠精吵一架了？为什么他们会如此信奉自己的那一套逻辑呢？

答案是<u>信息茧房</u>（information cocoons），这是美国学者凯斯·桑斯坦提出的概念，它很好地解释了杠精"神逻辑"的来源。

> 信息茧房：在信息传播中，因公众自身的信息需求并非全方位的，公众只注意自己选择的东西和使自己愉悦的通信领域，久而久之，会将自身桎梏于像蚕茧一般的"茧房"中。

你一定感受过抖音和淘宝的推荐机制：某天不小心手滑给某个土味霸道总裁点了个赞，然后接下来一个月你的首页就全是土味霸道总裁了；淘宝为了刺激消费天天"猜你喜欢"，然后你果然都很喜欢。

这就是信息茧房的形成，在通过 AI 算法分析过滤后，它会持续推送更加顺应用户喜好和个性化需求的内容。

简单来说，你"喜欢"什么类型的内容，它就会给你推荐什么类型的内容。

我爸是个军事迷，他特爱在头条看国际军事频道，所以头条经常给他推荐一些新武器研发以及武装军力强大的文章……因为一直只看到我国的内容，缺乏别国资讯的参考对比，他现在很膨胀，觉得我们在军事方面已经是全球第一了。

如此下来，我们看到的信息就会越来越迎合个人喜好，而我们不喜欢的、违背自身固有价值观的信息就会被屏蔽掉。

渐渐地，人们会被这个自己创造的"茧"越裹越深，长期只接收单一维度的信息源，大脑也会逐渐走向狭隘。

这是杠精对自己那一套神逻辑深信不疑的原因，他们已经被算法驯化得过于自我中心化，只能看见自己眼中的世界了。

02 生长：记忆孤立

在信息茧房让大脑走向了狭隘后，杠精的模子就出来了，但此时人们还没有变成杠精，因为信息茧房只不过隔绝了一部分外在信息源，留在脑子里的那部分主动接收的信息源，还不一定能够固化为观点与价值观。

那么这部分记忆是如何形成观点，进而在脑海中根深蒂固的呢？此时我们来到杠精养成的第二个环节——记忆孤立。

我们的大脑很懒，原始生存机制使然，它会尽可能地节省能量，选择忘记某些调取起来会消耗能量的内容。

你做什么事的时候感觉最费脑？对，是"记忆"和"思考"。

所以我们的大脑养成了两个偷懒的习惯：

1. 喜欢接收"不费脑"的信息，越简单、越容易消化越好。

2. 对于复杂的信息，就倾向于把它化繁为简，降低认知成本，即将一个客观复杂的事件，转化为一个简单可覆盖的观点。

举个例子，看看大脑是如何进行化简的：

上学路上，你看见两个女生在吵架，其中一个看着柔柔弱弱，另一个看着嚣张跋扈，柔弱的那个没吵过嚣张的，还被打了一巴掌。

此时你可能会觉得："天哪，她怎么能打人呢？性格也太差了吧。"

等你来到了教室，发现打人的那个女生居然是你同班同学，此时你脑子里可能产生了一个观点："她不就是那个性格特别差的女生吗？我得离她远点儿。"

发现了吗，此时你已经把"她和别人吵架还打了别人一巴掌"的事实简化成了"她打人，性格很差，我得离她远点儿"的观点？

但还不够，此时"她打人"和"离她远点儿"的描述还是显得过于细节，对于复杂的细节，大脑会继续用更抽象、更有代表性的概念进行二次简化，基于你看到的场面与你对她的第一印象，大脑会直接简化为"我讨厌她"的观点。

此时，大脑只需要记住"我讨厌她"这个简短的观点就行了，至于你的心路历程，太长就懒得记了。

但这样化简可不是什么好事，比如在某些较有深度的干货文下，会有读者喜欢在评论区帮着总结："总而言之""太长不看总结一下""也就是说"……这种句式往往会造成过度简化，很可能会遗漏信息而使结论产生歧义，某些不仔细看文章而直奔评论区的读者，也很可能就这样被误导了。

而很多杠精都有这种"极简思维"，喜欢说："这不是用一句话就能概括出来的事吗，你干吗要特地写一篇文章来说这么多废话？"其实正是因为事实与概念的复杂性，为了不让读者理解有偏差或者蒙圈，才需要做到足够周全的解释与描述，不知不觉就写了几千字。

我之前在一家医疗互联网公司工作，负责审核和改编医学科普类稿件。当时我每天都会对接很多医学专家，每次收到他们的返稿都很头疼，因为他们都把科普文章写得太晦涩复杂了。

但当我试图删减或者改编一部分内容以便读者理解时，专家们要么就不同意，要么就同意得很勉强。

正因为他们是专业的长期从业者，所以对于任何的化简，他们都能敏锐地感受到对其解释定义的改动，有可能产生误导。

记忆化简，其实就是把一段体验完整的"经历"，压缩成一个概括性的"观点"。

但接下来才是真正可怕的事情，当记忆被化简成观点，大脑会慢慢选择遗忘让你产生这个观点的原始经历，造成"记忆孤立"。

因为对大脑来说，维持不必要的关联路径需要能量。大脑研究学者杰蒙德·赫斯洛（Germund Hesslow）教授是这样解释的：

> 你可以认为，学会这种关联性的那部分大脑区域，正在告诉它的老师：现在我已经学会了，你不用反复教我了。当大脑学会这两种关联性，就会选择遗忘原始信息。

当我们长期顺应大脑这种事实压缩，只愿意记住这个被简化的观点时，慢慢地形成这个观点的那条事实因果链就会断掉，你会忘了当初是因为什么才有的这种观点。

当再无证可循，就已覆水难收。

03 升级：证实性偏差

通过记忆孤立，杠精观点已经扎根于大脑了，而杠精的另一个特点，就是无脑地相信自己的观点，认为全世界就都该支持他。

他们的自信从哪儿来？这里就需要引入"证实性偏差"的概念了。

> 证实性偏差（confirmation bias）：指当人确立了某一个信念或观念时，在收集信息和分析信息的过程中，产生的一种寻找这个信念的证据的倾向。也就是说他们会很容易接受支持这个信念的信息，而忽略否定这个信念的信息，甚至还会花费更多的时间和认知资源贬低与他们相左的观点。

说白了，也就是当我们深信某个观念太久，后来出现另一个观点时，如果和自己的认知相左，我们就会刻意忽略，甚至否定它；但如果符合甚至支持自己原本的认知，我们就会选择相信，并且进一步强化自己的观点。

以刚刚那个女生打架的例子来分析：

真相是，那个嚣张的女生其实是个很率真的女孩子，柔弱者反而是个"绿茶"，她暗中说这个女孩朋友的坏话被抓了个现行，被当众教训了一顿。

但如果已经长期有了"我讨厌她"的观点，而且那条事实因果链已经断掉，形成了"孤立记忆"，你已经忘记了你当初是因为什么而讨厌她，那么即使现在知道了真相，也还是不喜欢她，你会觉得——"哦，但这和我讨厌她又有什么关系呢？"

相对地，如果有其他人跟你说这个女孩子的坏话，因为符合你的认知，你就会更容易相信——"看吧！我就说她很讨厌！"

但为什么就算知道她是个好人了，还是无法对她改观？这就是认知失调而导致的"证实性偏差"。

我们的大脑难以接受"冲突"和"矛盾"。当两个相互矛盾的认知产生冲突时，大脑就会感到不适，所以它就想做点儿什么解决掉这种冲突，维持言行的一致。

就比如当"我讨厌她"和"她是个好女孩"形成冲突时，由于前者是一个长期的、被孤立记忆后形成的固有"观点"，所以大脑往往会牺牲后者，告诉自己"这个信息不可信"，这样它就解决了矛盾的冲突。

无论真相如何，大脑只会选择能够节省认知资源、维持言行平衡的调节方法。

俗话都说：你以为你以为的就是你以为的吗？

04 超越：逆火效应

如果说以上那些都是在认知上一点儿轻微的骚扰，那逆火效应，就相当于直接对你的思想盖章刻印。

> 逆火效应（the backfire effect）：指当一个错误的信息被更正后，如果更正的信息与人原本的看法相违背，它反而会加深人对这条（原本）错误的信息的信任。

简单地说，逆火效应会让我们对自己的观点更自信。而且别人越是否定，我们就越相信自己是对的，一点儿没错！

为什么会有这种神奇的感觉呢？

因为人都有一点儿逆反心理，若是感觉到有无法彻底推翻自己的阻力，不仅不会变老实，反而会加深"我就是对的"这个观点。

就像你本来准备去收拾房间，突然你妈念叨你："还不快去收拾房间？看你那儿乱成什么样了！"你反而就不想去了。

所以频繁的、不够强力的反面信息，不但不会改变你的观念，反而会进一步强化它。

因为一个观念在你的脑子里待久了，就会逐渐"内化"为你思想的一部分，你会习惯用它来思考、推理、判断，它也会继续滋长、壮大，越来越多地占据你的思想空间。

现在让你否定这个观点，就相当于让你否定自己身体中的、过往人生中的一部分，这是很痛苦的。所以越是年纪大的，像老一辈，思想就越顽固，因为他们已经用那一套观念过了很多年，逆火效应非常强劲，现在让他们改，就相当于让他们承认自己大半生都错了，他们自然是不愿意。

所以我建议，遇到杠精，要么就别搭理，让他一个人表演，要么就狠狠地杠他赢个彻底。

千万不要只杠到一半就"算了，不和杠精计较"，然后中途退出，那样杠精只会觉得这次的胜利更加证明自己的正确，然后杠得更欢。

他们从不知难而退，越杠越顽强，俗称"杠坚强"。

在"信息茧房 + 信息化简 + 证实性偏差 + 逆火效应"的综合作用下，杠精终于蜕变完成。

看到这里，或许你会在某一个阶段中感同身受，发现自己可能也在某个时刻差点儿成了隐形的杠精。我以前也是个比较武断的人，自以为看书够多，于是总会去劝别人"你这样是不对的啦"，那时的我可能也是个杠精……

想要避免自己产生杠精思维，可以试着做以下几点：

1. 摄入更加多元化的跨领域知识，让大脑适应复杂，从而接纳多样性；

2. 学会批判性思维，从正反两面看问题，接纳矛盾的存在；

3. 不要从单一来源获取过度简化的信息，要懂得顺藤摸瓜，追本溯源；

4. 记录自己的观点来源，帮助自己回溯观点形成的过程，避免记忆被孤立。

这些方法的具体操作，在之后的章节会陆续展开，这一节只是希望你意识到：想做一个理性的人，首先就要意识到世界是多元的，正与负是共存的，没有非黑即白的事情。

所谓成长，是在不断被推翻三观、不断被颠覆认知的过程中发生的。

拒绝杠精思维

避免"信息茧房 + 信息化简 + 证实性偏差 + 逆火效应",
看见灰色的世界。

04

常态与非常态：
大数据媒体如何操控我们的世界观

你有没有感觉这个世界变得越来越糟了？

2020年，感慨这个世界变糟了的人格外多。也不怪他们会有这样的感觉，随便一刷微博热搜、知乎热榜，就能看见许多让人气到上头的新闻：

> 全球新冠疫情暴发；瑞幸造假以致盘前下跌80%；美股一个月内熔断4次；英国于2020年1月正式脱离欧盟……

在你看到这一节时，我选取的这些新闻可能已经过时很久，但彼时我们所感受到的情绪是一样的。你若留意观察，就会发现，无论何时何处，这些煽动负面情绪、制造焦虑和愤怒的新闻，都充斥在我们的资讯推送弹窗中。

而大部分短期内刷屏朋友圈和社交网络的爆炸性新闻，都不约而同十分戏剧性地在三天左右的时间内又出现了反转，再反转，再再反转……

亦真亦假的新闻弄得人心惶惶，一切似乎都在对我们嘲讽：这个世界不会好了。

01

"这个世界不会好了。"但前提是：这个世界真的变得越来越糟了吗？

我关注了一个记者的公众号，了解了一些媒体知识，同时也在接触新媒体这行，慢慢地，我发现了一个业界共识——

常态不是新闻，非常态才是新闻。

常态就是指，我们每个人都能理解的，视为理所当然的社会运行规则的一些事。比如公司要按规定缴纳社保，报销费用要提供发票，公共场合不要抽烟，要尊老爱幼等。

非常态就反过来了，它指那些不是每个人都经历过的、无法理解的、违背自己常识的、觉得魔幻和难以置信的事。

曾经的新闻，只需要在时间上"新"就能叫作一条合格的新闻，而如今的新闻，则需要在认知上、经验上"新"，才能算是一条合格的新闻，这里"合格"的标准指能够得到流量和关注。所以如今的媒体界才会有"常态不是新闻，非常态才是新闻"的共识。

太阳底下无新事，在这个即时娱乐信息满天飞的年代，有一个"黄金三秒法则"——如果在三秒钟内看不到感兴趣的东西，人们就会无情地划走或关闭当前页面，比冲马桶还干脆。

所以慢慢地，只有耸人听闻的、爆炸性的、能引起群众关注和广泛热议的，才能真正进入我们的视野，吸引我们的眼球，并且爆炸式地扩散传播。

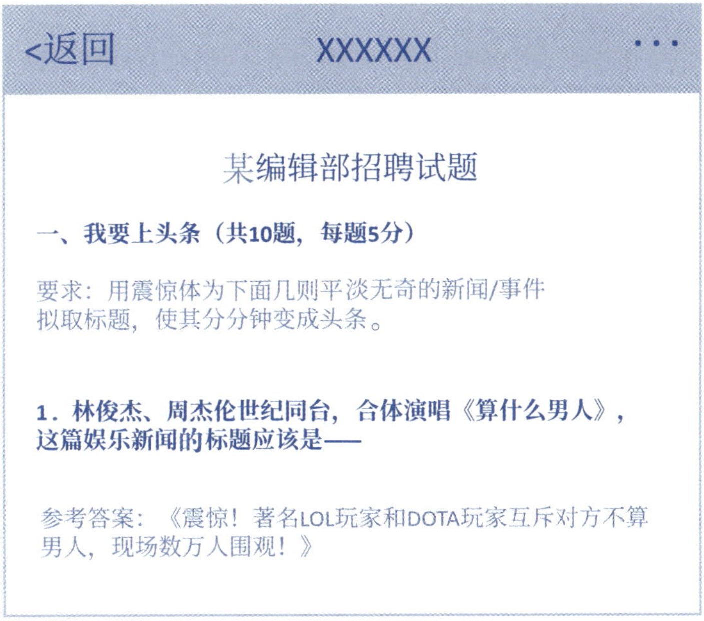
<返回
XXXXXX
某编辑部招聘试题
一、我要上头条（共10题，每题5分）
要求：用震惊体为下面几则平淡无奇的新闻/事件拟取标题，使其分分钟变成头条。
1．林俊杰、周杰伦世纪同台，合体演唱《算什么男人》，这篇娱乐新闻的标题应该是——
参考答案：《震惊！著名LOL玩家和DOTA玩家互斥对方不算男人，现场数万人围观！》

图 1-8　某编辑部招聘试题

但这样一来，我们的视野中所看到的大部分信息，永远都是最魔幻、最离奇、最不可思议的事情。

02

那么，媒体是如何让我们看到事件最魔幻、最离奇、最不可思议的一面，从而吸引我们点进去贡献流量的呢？

第一招：高潮式报道

一个完整故事的叙事四要素是“开头—发展—高潮—结尾”，

但想要吸引眼球，大部分媒体就会选择只报道"高潮"的那部分。

如#大一男生跷二郎腿险残废#：这个新闻的真相其实是，这个男生跷二郎腿时胳膊肘刚好压住了腿上的腓总神经而导致损伤，跷二郎腿只是一个诱因，并非真正原因，所以并不是跷二郎腿就会残废……

第二招：魔幻式简化

我们看到的新闻是高度精简化的，也就意味着我们看不到这件事的起源和过程，没有来龙去脉，只有被过度夸张过的结果。

如#特朗普建议注射消毒剂治疗新冠#：其实在完整视频中特朗普说这句话只是开个玩笑，根本没有真正建议。当然后续的舆论还是把真相给淹没了。

上面两者综合的典型表现之一就是"标题党"。

弱水三千，只取一瓢，要素过多，只选一句——选取最高潮的部分，简化成最吸引眼球的样子。

公众号"记者论坛"曾以四大名著《三国演义》《西游记》《红楼梦》《水浒传》类比，如果这四部名著发成媒体文章，大概就是这个风格：

《他是最成功的创业者，从小贩到皇帝！》

《佛说念经的人心要诚，看了这个故事，男人会沉默女人会流泪》

《在她病逝的那一天，他居然跟别的女人成了亲！》

《劲爆！山东黑帮暴力抗法真相，抓紧看马上删！》

第三招：意念式歪曲

偷换概念和移花接木是某些流量导向媒体的常用招数，即用一个相似却毫无逻辑关系的概念替换掉原概念，制造争议性和引导热议，或者从对方真正的言论中只选取有误导性的段落，刻意放大。

如＃星巴克被指含有致癌物质＃：这个新闻中的"致癌物质"是指丙烯酰胺，但根据FDA（Food and Drug Administration，美国食品药品监督管理局）数据，食物中的丙烯酰胺含量大都在十亿分之一这个数量级上，离中毒剂量还极其遥远。咖啡中的丙烯酰胺含量甚至远低于薯片、薯条等油炸食物。

但这仍然不耽误个别媒体刻意歪曲概念，写出这样的标题：

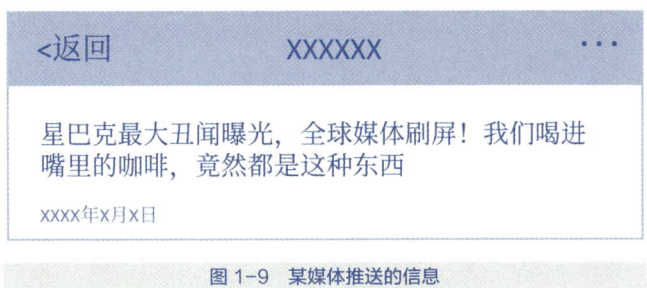

图1-9 某媒体推送的信息

另外还有一些专业性把关、求证过程不严谨，带有主观理解等问题，严谨的真相都一一被牺牲在了流量的诱惑之下。

快刀何文峰还曾批判说：看韩剧有害健康，看新闻有害智商。

03

新闻，或者说信息本身无害。但如今的信息遭到过度简化、魔幻歪曲后，逐渐变得"无效化"。一旦信息被无效化，甚至弊大于利，它和"垃圾"就没有什么区别。

来定义一下，什么叫"垃圾"：

> 无论是现实生活中还是互联网上，任何对你日常生活无用的，没有实质帮助的，或者已经过期的，甚至还会影响你的生存空间和时间的东西，都可以算是垃圾。

这个"垃圾"，不一定得是物品。只要是"对你自身没用的、不能帮助你变得优秀的，没有成长养分的"内容，都是"垃圾"。

垃圾一：被无效化的"新闻"

被媒体刻意"无效化"的新闻是首当其冲的"垃圾"。且这里的"新闻"必须要打一个引号，因为很多看似"新闻"的博取眼球的内容，都是假的。

在看见任何让你脑门热血上涌的"新闻"之前，先冷静一下，确认一下来源是否准确，看看官方有没有公布信息，不要一冲动就激情转发，为他人完成 KPI（Key Performance Indicator，关键绩效指标）。

图 1-10 谣言的诞生

垃圾二：外行人对热点事件的议论

这届网友有个本事，学习不咋行，凑热闹第一名。每次有热点出炉，往往个中缘由都没看明白就已经忍不住要发声。

热点来得快去得也快，这种内容过期极快，且难以留存，实在没必要特地去掺和一下。比如你现在一定也不记得三天前你都凑过些什么热闹了。

注意，这里特指的是议论，不是评论。"议论"是一帮不明真相的群众叽叽喳喳，而"评论"则是这个领域内权威专家的深度解析，两者不一样的，否则不过是外行看热闹，内行看外行看热闹罢了。

垃圾三：明星名人的八卦绯闻

明星出点儿啥事，永远是一种刷屏最快的信息。这些劲爆的八卦一度搞崩微博服务器，让一帮吃瓜群众热闹围观。

但问题是，就算明星变惨了，也不代表你就变好了。你的围观、议论影响不了任何明星，更无法控制事件的走向，倒是可能会影响你自己下周的期末考试成绩。

若是自己投入其中也毫无波澜，那还是别赶着去送流量为妙。

关于这些"垃圾"的作用，李笑来老师曾拿计算机的操作系统类比过我们的大脑，其中说到一个有趣的计算机术语：

> "GIGO"，即"Garbage In, Garbage Out"。

输入的是垃圾，输出的只能也是垃圾。

我们的身体需要营养，天天吃垃圾食品有害健康，其实大脑也一样，大脑也需要有均衡、充分的知识营养，同时摒弃低质的信息垃圾。

04

在大数据时代下想要生存，抓取阈值被刺激得越来越高的人的注意力是很难的，这也是媒体顺势演化的结果。

但至少你要明白，一切我们所看到的信息，都是静态的，它们只会停留在当下。

今天的热搜很快就会被明天的头条所取代，昨天全网的关注和唾骂，第二天就会有新的目标。

但事件本身是动态的，它会不断向前发展，会变化、反转，最后尘埃落定得到一个或好或坏的结果。

你可以仔细反思一下，前一阵子刷屏的新闻，除了刚爆发的那几天，你后续还有去追踪和关注结果吗？——我想大部分人都没有。

但这样就会导致我们对这个事件的印象，仍然停留在这件事刚爆发出来时的那个"最离奇、最劲爆"的碎片新闻中，所以我们的情绪，也仍然停留在刚刚看到这个新闻时的震撼、愤懑、不可理喻之中。

如此我们看到的世界，也不小心就一直停留在那个"糟糕的、让人崩溃的"静止时态中了。

那么，是这个世界真的变糟了吗？

其实，我们觉得糟的，只不过是在新闻里看到的那个静止时态中的世界而已。而真正的世界是动态的，是会不断发展和变化的。

如果我们去了解这个事件的背景，或许就会理解它为什么发生；

如果我们持续跟进，或许就不会被谣言所煽动；如果我们看到最后的结局，或许就会理解并释然。

只看某一个时刻的新闻，是永远无法理解真实的世界的。用静态的"时刻"去理解世界而得到的结果，也必然支离破碎。

05

> 真实的世界，并不是由微博热榜和智能算法构成的。你想更好地理解它，就必须主动去拥抱它。
>
> ——Lachel

所以，给你几个建议。

碎片化的新闻是静止的，如果一个新闻让你觉得很重要，那么不妨化被动为主动，去跟踪它的发展轨迹，弄清楚它的来龙去脉。这样你就会感受到整个事件的流动，它有开头，有过程，有结尾，而不是一直停留在你看到它时那个糟糕的状态。

这就是形成"连续认知"的过程。

无论对于什么东西，只了解它一次、只见它一面就得出的结论是不靠谱的。只有持续地跟踪、了解，你才不会一直都被第一印象所欺骗和困扰。

我们从一块拼图中能看到的太有限了，所以只有把碎片化的信息重构、整理为连续的认知，才能窥见世界的真实面貌。

这里分享几种方法：

1. 顺藤摸瓜

去官网上搜相关事件的新闻，或者去一些优质内容平台（如知乎）上看事件的时间轴梳理，这样你就会更全面地了解这件事的起因和背景。

2. 顺流而下

时刻关注官方消息，了解事件的最新进展，看看这个事件有没有被辟谣，是否已被解决，这样你就会逐步获得这件事的结果。

3. 相信模糊

越快的新闻越模糊，官方报道往往需要较长的周期观察验证再报道，比较严谨。

比如，十分钟前纽约发生了一场爆炸，那么报道可能就只会通知这一句。但如果细节非常多，把炸药种类、死亡人数、凶手身份和背后的宗教阴谋都挖出来了，那就很可疑，真新闻不会这么快。

4. 学好外语，中外新闻分别对比验证

国内一些媒体会欺负部分国人英语水平不高，刻意歪曲翻译后吸引眼球来博取关注，此时保持对真实信息来源的甄别能力很重要。

选择长期输出、可信、名誉有保障的媒体和研究机构作为自己的信息源，并通过中英文对比阅读同一个事件，才能保持对真实信息的敏感性。

06

其实绝大多数的新闻，距离我们的生活非常遥远。比起异国他乡，比起天道正义，我们最多只会关注一年后自己会不会失业，最近只用关注楼下菜市场的猪肉会不会涨价就够了。

我基本不看新闻，也不关注任何热点。原因很简单：如果这个资讯真的很重要，那我早晚也会知道，不急在这一时。

<u>等它沉淀和验证一个月后，留下来的才刚好是精华和真相的部分。</u>

我们总感觉自己缺东西，所以才一直在囤积的病态之中，疲于应付眼下的一堆东西，反而没时间去思考什么才是自己真正想要的。

但如果我们每天的时间都拿去处理"垃圾"，为了"大家都在聊，我不能不知道吧""近期的热点，我不议论两句就落伍了"，而去囤积"垃圾"，那我们就会陷入一种"蝾螈思维"之中，无意识地、不断地往自己背上背东西，直到不堪重负倒下为止。

我也曾经封闭过微博和朋友圈，一个月后发现世界并没有什么变化，至少我身边的世界没有。

一旦你意识到，即使自己关注新闻大事，但除了干着急以外不会对世界产生任何影响的时候，你自然就会慢慢回来关注自己。这样不断地清理筛选之后，你就会把时间留给真正重要的人和事情，把注意力都转移到他们身上。

除了能腾出认知和注意力资源到重要的事情上以外，这本身也是你不断对自己的价值观思考的一个过程：

你终于开始考虑，对你而言究竟什么是最重要的信息，以及什么是你真正想主动去获取的事物。

显然，这两者才是对你而言真正重要的，能赋予你人生深刻意义的东西。

别被大数据操纵世界观

持续活在静态的"时刻",
看到的世界便永远支离破碎。

第 2 章
CHAPTER 2

思维的强化和升级：
比你的同龄人都高一个维度去思考

　　大脑漏洞被填补后,你便可以开始全副武装你的思维,在这里你会学习到比同龄人都高一个维度思考的方法论。
　　包括超强的学习力炼成术,沉浸式阅读的心法,感受非功利学习的红利,以及拯救你间歇性堕落的 21 分钟基调原则。

超强学习力练成术：
如何快速学习一门技能

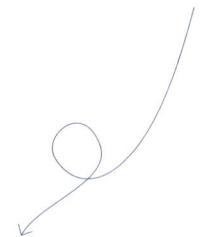

经常有人问我:"如何快速精通一门技能?""有什么能快速变成大佬的方法吗?"每当收到这种问题,我都表示无语。

"速成"是快节奏社会新兴的学习标签之一,抓住了当代人学习求快速、求浓缩、求精华的心理特征,为了适应这种学习风气,市面上的很多课程也是这种风格。

但说句大实话:冠以"速成"之名,说教你快速掌握、快速精通一门技能的内容,大多是伪概念。

速成,顾名思义就是指"快速成功"。但成功人士的传记复盘总是厚如板砖,绝大多数真实、稳健的成功,都需要时间的复利和经验的累积。

哪怕是站在风口上,也得是自己本身就有了一定的积累才能借势施展。说能速成的,要么只是能带你浅显地入门,要么只是想假借速成之名"割韭菜"。

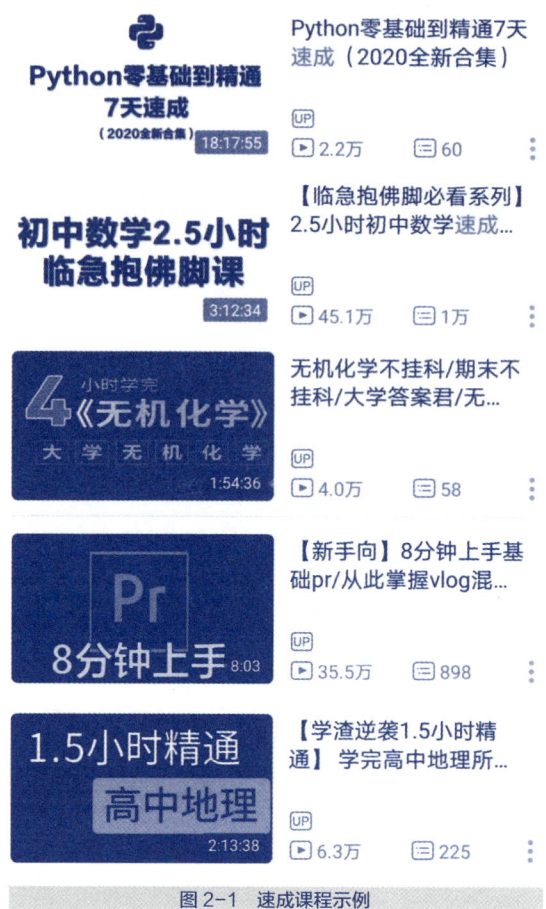

图 2-1 速成课程示例

01

虽然速成这件事做不到，但快速入门一个领域或快速上手一门技能是完全可能的。

这就是我们今天的干货部分：该怎么正确地开始学习一门技能？接下来我们逐个攻破。

首先，定义一下学习一门技能从陌生到精通的整个过程。当你从 0 开始学习一门技能的时候，你对你要学习的那些东西是完全不懂的，这里我们用一个分区 A 来放这些你需要学习，但还完全不会的东西：

图 2-2　分区 A

然后，当你开始学习和练习这些你完全不熟悉的东西时，其中的一些技能你就会慢慢熟练，于是其中一部分技能就会移动到"能做但费力"这个分区，我们用 B 来表示。

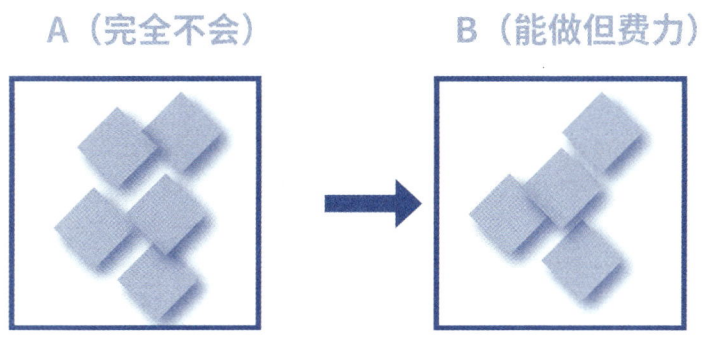

图 2-3　从分区 A 移动到分区 B

随着更多的学习和练习，你也在不断地熟练和精进这门技能，你不会的东西越来越少，会的东西越来越多，并且你能做得越来越好。于是你就到达了"精通"这个分区，我们用 C 来表示。

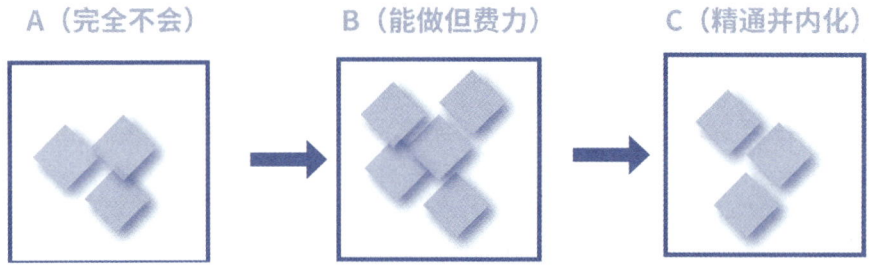

图 2-4 从分区 A 移动到 B，再到分区 C

于是你可以看到，A 区的东西越来越少，C 区的东西越来越多。等到 A 区的东西完全移动到 C 区时，你就已经算是掌握并精通了这门技能。

用摄影来举个例子。假设你想学习摄影，那当你从 0 基础小白开始的时候，A 区的内容对你来说就有"选设备、调整参数、构图、光线、拍摄后期"等。

你从选设备开始学习，看了一天的教程，知道了不同价位和品牌之间的区别，于是你选了一个看上去性价比最高的相机，但你不确定这个是不是最适合自己的。此时"选设备"这个子技能就从 A 区移动到了 B 区。

但你用得久了，也熟悉了各个参数和按钮，你知道自己最想要什么性能了，于是根据自己的需求重新买了一个最适合自己的相机。此时"选设备"这个子技能，就被你从 B 区移动到 C 区了。

买了相机后，你又去看了一些关于摄影构图的书籍，学会了几个拍照的黄金比例构图，虽然你一开始还是不太能完全记住这些东西长什么样，拍风景和人像的时候选哪种构图最合适，不过每次拍照只要对照着教程再复习一下就能拍好，于是"构图"这个子技能也被你从 A 区移动到了 B 区。

当你拍得久了熟练了以后，你脑子里已经牢牢记住了这些构图比例、黄金曲线，以及拍哪种风格该选哪种构图，只要一抬手就能拍出最佳构图的照片了，于是"构图"这个子技能就被你从 B 区移动到了 C 区。

学习其他的后期、光线等子技能也是同理。

但这还不算非常完整的。对于一个想要成为专家的人而言，他不会让 A 区完全清空闲置，而是会在练习的过程中发现更多需要学习的东西，然后不断把它添加到 A 区，像这样：

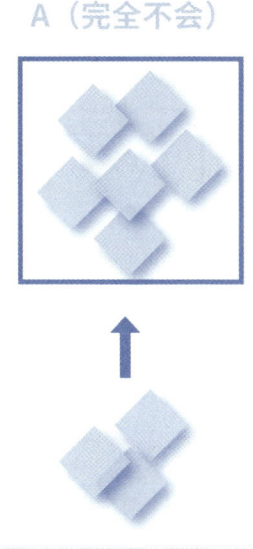

图 2-5　新的子技能进到分区 A

比如你发现手拍视角比较有局限性，拍高速照片配置不够，于是你又想购置三脚架、学用无人机航拍……这些就是你会不断添加到 A 里面的子技能。

还有一些子技能，甚至无须经历一个先从 A 到 B 再到 C 的过程，它可以直接从不会到精通，也就是从 A 区直接移动到 C 区。到这儿你只要知道可以有这么一个操作就行,后面会讲解到。

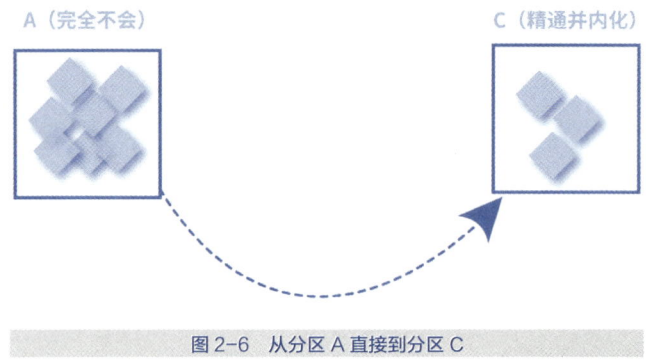

图 2-6　从分区 A 直接到分区 C

所以,一个较为完整的学习一门技能的路径模型是这样的:

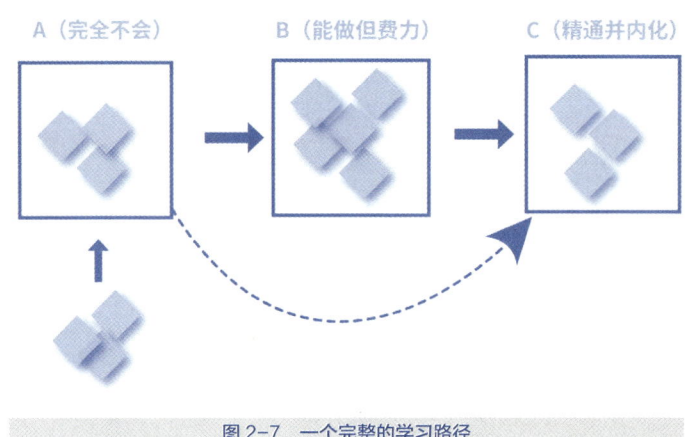

图 2-7　一个完整的学习路径

02

先从 A 区该如何填充来说起。

许多人开始学习一门技能之前,会面临一个很严肃的问题:不知道该学什么,以及从哪儿学起。

比如想学写作，应该从哪儿开始学起？先学修辞手法、行文结构，还是怎么起标题和配图？

所以在 A 区，我们要构建一个知识地图，也就是要想入门这个领域，你需要学习哪些子技能和知识，先学哪个后学哪个，这样才能心里有谱，不至于两眼一抹黑，无从下手。

简而言之，就是给你的大脑一个铺垫，让它准备好，告诉它：在未来的日子里，我们将会大量吸收这个领域的知识，请做好理解和储存它们的准备。

作家，也不可能想到哪儿就写到哪儿，要先写出一个大纲，明确剧情如何安排，信息量如何递进，然后再往里面填充情节内容。

学习也是一样的。如果缺少了框架，你获取的所有知识就只是碎片信息而已，无法形成体系，就无法形成技能，它们会孤零零地飘浮在记忆里，难以稳固存在，也难以被你组织、整合、调用。所以知识地图也类似一个学习系统，让你了解自己需要学习什么，以及该按照什么样的流程去学。

那么，如何搭建这个知识地图，让我们的学习更加系统化呢？

可以从作家那里得到的灵感是：书的目录就相当于一张知识地图。

相比专栏或者公众号之类的比较零散的框架，书的目录要更加严谨和专业。所以构建知识地图，我唯一的建议就是从书的目录去获取。

第一步，搜寻这个领域相关的约 3～5 本经典教材。

知乎有许多书单类的优质回答汇总，比如你想学心理学，就可以用知乎搜索关键词"心理学书籍"，浏览排名前八的高赞回答，并从中选出 5～8 本推荐重合度比较高的书。然后上豆瓣搜索这几本书，再从中选出评分最高的三本。

图 2-8　知乎搜索示意

最后你会看到，《心理学与生活》《社会心理学》《认知心理学》这三本书被推荐得比较多，它们的豆瓣评分也都在 9 分以上，所以就先从这三本书里获取知识地图。

图书
社会心理学
（第8版）
9.0分 / [美] 戴维·迈尔斯 / 2006 / 人民邮电出版社

图书
心理学与生活（第19版）
9.4分 / 理查德·格里格 (Richard J.Gerrig) / 2014 / 人民邮电出版社

图书
认知心理学
第8版
9.3分 / [美] 罗伯特·索尔所 [美] 奥托·麦克林 [美] 金伯利·麦克林 / 2019 / 上海人民出版社

图 2-9 豆瓣评分示意

第二步，把这几本书的目录看一遍。

或者看一下引言，先读一下前两章，对这本书的内容有一个初步了解，再大致翻一下其他章节，了解心理学分支分别研究什么，最经典的几个理论是什么，等等。在之后的学习环节再进行深入阅读。

到这里，你差不多就有一个大致的知识地图了，这些就是你掌握这门技能之前该学习的内容，也就是该填充到 A 区的东西。

03

从 A 到 B，再从 B 到 C，如何慢慢掌握这些你完全不会的技能，直到精通呢？

可能很多人都知道这个方法：==刻意练习==。

但必须纠正的是，刻意练习不是努力地练习，也不是花很多时间练习。我们需要的是更精准、更高效的练习。我见过很多努力的人，因为方法不对，怎么学都学不明白，又浪费时间又打击自信心，严重点的甚至觉得是自己天生就不适合学习。

所以与努力地、长时间地刻意练习相比，目标明确、行之有效地刻意练习，才是我们要做的，保证自己能从练习中得到持续的、积极的正反馈，不然心态迟早会崩。

通常情况下，这种正确的刻意练习是你能够有意识地从"不能做"到"精通"的最佳途径，甚至有时是唯一的途径。

当然，道理大家都懂，但为什么那么多人都坚持不下来呢？

因为大多数人在这个学习模型中会犯一个致命的错误——在B区堆积太多东西。

当你刚开始接触一个新的领域，学习一门新技能时，面对的是一堆你完全不懂的东西，于是你开始同时学习这一堆完全陌生的子技能，学得半生不熟的部分技能可以移动到B区。但一个学得精通的能移动到C区的都没有。

B区是一个"能做但费力"的阶段，如果其中的子技能堆得太多，就会变得很拥挤。因为人的大脑是趋利避害、删繁就简的，留在B区的子技能越多，你就会越累，越不想去做。

最要命的是，因为你还不算精通，所以只能说水平一般。你能从B区得到的正反馈更少，感受到的疲惫更多，更难坚持。

所以一定要避免累积太多的一般水平的技能，以免拖慢脚步、扼杀进步，甚至还容易使你怀疑自己。

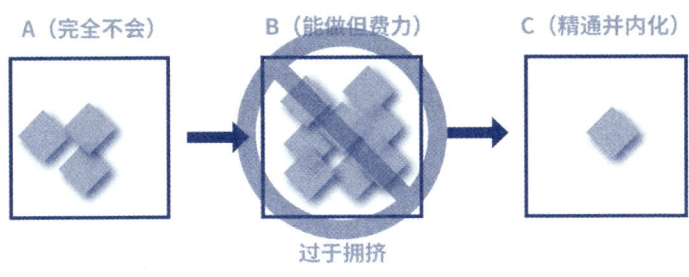

图 2-10　B 区积累过多

拿写作来说，想要写出一篇好文章，就要同时在意很多事情，比如结构严不严密，语言风格有没有趣，干货够不够，文笔好不好……

但我们在刚开始学写作的时候，不应该把这些子技能捆绑在一起学，以免导致 B 区技能堆砌太多，消磨了意志力，最终写半天一个都没写好，还把自己折腾得怀疑人生，下次一想起这种感觉，就连笔都不想再碰。

如果一开始就想要同时学习和练习的东西太多，必然一个都做不好。

所以：通过刻意练习去精通一个很小的技能。

首先，你要从颗粒度最小的子技能开始学习，把它练习到精通之后，再进行下一项。

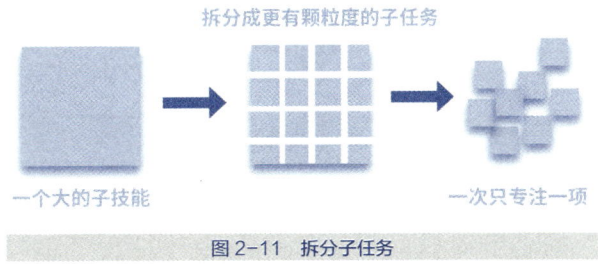

图 2-11　拆分子任务

在这一阶段，我们需要设计练习步骤，使其符合如下标准：

1. 选择一个你现在还没有掌握的子技能，把它拆成一个能够在一到三组 45～90 分钟的练习后达到 95% 的精通度的小任务。

2. 然后只专注地练习这一个任务，直到达到 95% 的精通度，再开始练习下一个。

使用这样的方法，你的每一次练习都将是有效的，足够小的颗粒度使你可以轻松地练习到精通，也就代表你可以获得更多的正反馈，保持继续练习的信心。

举几个例子：

"站在距离篮圈 2.5～3.5 米的地方，以 45 度角将篮球投向篮筐，先不用在意有没有进球。"

"这篇文章要运用到三个以上的修辞手法，先不用在意选题和结构怎么样。"

"运用大光圈，拍摄一组突出人物模糊背景的人像，先不用在意构图和光线。"

如果你通过一到三组 45～90 分钟的练习，还无法达到 95% 的精通度，请停止练习，你需要重新设计子技能，把这项任务划分成更小的子任务，继续练习到能达到精通为止。

比如你暂时无法达到"在一篇文章中同时用到三个修辞手法"的目标，可以先调整为"这篇文章中只把比喻这个修辞手法用好"。

如果你暂时无法很好地运用大光圈拍摄人像，可以调整为"运用大光圈，先只拍摄桌面一个背景简单的静物"。

记住！把无法达成的目标细分成更小的子任务，或者降低标准，精通一项后，再开始下一项。

不要强求自己一次就做很多，或者一次就做到很好。

因为正确的刻意练习，应该恰好超出我们当前的能力范围或者舒适区。从稍微超出自己能力范围一点儿的事开始，一步步慢慢扩大自己的能力圈，才最容易做成这件事。

学习一门技能的关键，既不是一蹴而就，也不是多管齐下，而是把它拆成许多个对现阶段的自己而言难度最合适的任务，再挨个攻克，从精通许多个小技能延伸，到精通整个技能。

总结一下从 A 到 B，再从 B 到 C 的方法：

把 A 区中需要学习的子技能，不断地拆解成"一到三组 45～90 分钟的练习就能精通"的小任务，挨个攻克，直到全部精通。

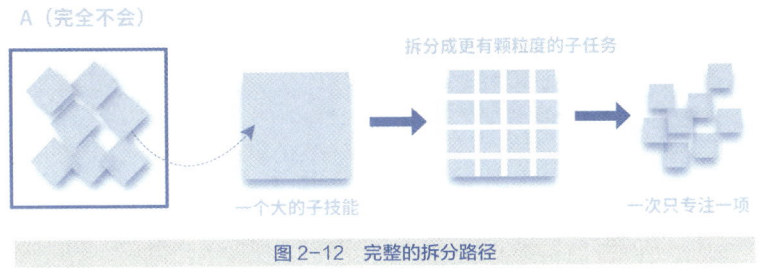

图 2-12　完整的拆分路径

04

前面我们提到了"从 A 直接到 C"的这个操作，为了方便理解，我们借用凯西·塞拉（Kathy Sierra）在《用户思维+》一书中讲到的例子：

在日本，有一个神奇的职业——小鸡性别鉴定师。

判断刚刚孵化出来的小鸡的性别很困难，但是对于大型养鸡场来说，越早将母鸡与公鸡区别开来，就能越快进入鸡蛋生产环节。

在20世纪初，日本只有寥寥数名专家能一眼就看出来小鸡的性别。虽然这几个专家可以将这一能力传授给其他人，但他们也不能准确描述他们究竟是怎么做到的。

他们的鉴定稳准狠，几乎从不出错。但问他们是通过什么标准、什么特征鉴定出来的，他们只能说："我就是知道。"四舍五入，差不多真的就是凭直觉了。

小鸡性别鉴定师似乎具备了一般人不可能有的超常视觉能力。当然，我说这个故事不在于教大家怎么辨别小鸡的性别，关键在于，这些专家是如何"培训"新手成为小鸡性别鉴定师的呢？

其实方法真的非常简单粗暴。想象你是一名新人，正站在一个装满小鸡的笼子前面，在你看来所有的小鸡都是一样的，但现在有人让你选一只小鸡猜性别。

"好吧，我随便猜，公鸡。""我猜这只是母的。"你只能胡乱猜测，但你猜完后，小鸡性别鉴定师会给予你反馈：对，或者不对。

你仍然一头雾水，但你只管一遍又一遍地做。终于，你的准确率越来越高，到后面几乎一猜一个准。但是你不知道是因为什么。

你知道自己依然只是在瞎猜，但是，现在似乎有一股神秘的魔力正引导你说出正确答案。你知道肯定有一些极其细微的线索和区别，但你就和那些专家一样，不知道那是什么，不过你就是能猜对。

身为专家却不知道自己是如何做到的，小鸡性别鉴定并非唯一的例子。

问学霸："你是怎么考到那么高的分的？"学霸说："我也不知道啊，我就是把空都填了啊。"

问画家或者作家："你是怎么画出这么好的画／写出这么棒的文章的？"他们往往也很难说出个所以然。

"我也不知道我是怎么做到的，但……我就是知道。"

这种感觉不是什么魔力，也不是什么天赋，这其实是"感性知识"。

人的大脑有一个隐藏的特异功能，就是会自动从它接触的大量案例中去学习，只是不会告诉你它正在学些什么。

> 在接触足够多的反馈之后，你的大脑就会在无须意识介入的情况下，开始发现潜在的规律。伴随着更多的接触，它会开始精心调整感知能力，最终找到真正的规律。
>
> ——《用户思维＋》

即使你自己无法解释，但你的大脑的确在学习怎么察觉更加细微的特征，将信息与噪声区别开来。它只是不想用这些烦人的细节来打扰你，而自己悄悄地学习。

而所有领域的专家其实都在学习和利用无意识的感性知识，他们与小鸡性别鉴定专家共有的特征是：大脑知道的东西远比展现出来的多得多。

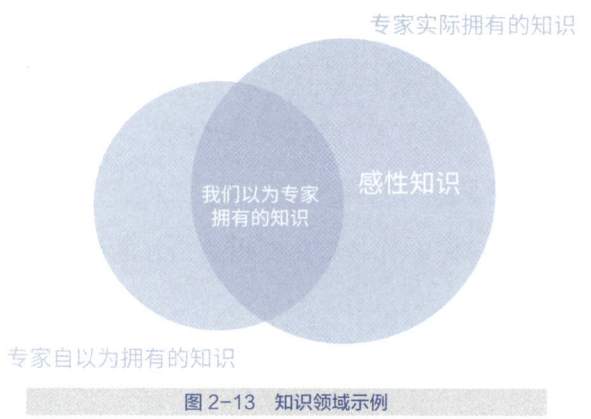

图 2-13　知识领域示例

想要在一个复杂的、极富挑战性的领域里表现卓越，意味着你必须获得超越意识的深度模式识别能力，也就是所谓的"专家直觉"。

国际象棋手看一眼棋盘就立即知道该走哪一步棋，职业的鉴定师看一眼就能识别假画。尽管他们总是无法明确地解释自己是如何知道的，但这就是他们感性知识所呈现的部分。

看到这里不知道你是否明白，其实，感性知识就是"从 A 区直接移动到 C 区"的原理。

它会让你拥有一种专家直觉，能够在不去刻意练习的情况下，条件反射地做出一个最好的选择。

假设你从来没有学过摄影或设计，但是想拍出更好的照片，你可以在业余时间看大量的、上千幅的优质摄影作品。

即使从来没有学过黄金比例和构图法的概念，当你在进行"看照片"这个感性接触的过程中，看了大量采用某种构图法所拍摄的照片，你的大脑也会自动去发现，自动记住这种"让摄影作品变得优质的构图"。

于是当你第一次拿起相机时,你有可能可以根据自己的直觉和经验拍出一张黄金构图的照片。这就是通过感性接触,从 A 区直接到 C 区的过程。

高质量的感性接触训练从不做解释。它们创建一种特殊的场景,让学习者的大脑自己"发现",就拿摄影构图来说,我们探求的不是原理,而是美学。

即使你学了构图法和黄金比例,也可能从未找到过对摄影和构图的"感觉"。而感觉是无法被解释或者被教学的,所以你才需要去经历或体验,让大脑从高质量的、多样化的实例中,"发现"构图的模式,找到摄影的感觉。

在感性学习能够发挥作用的地方,"发现"其实比"教学"更有效。

那应该怎么拥有这种感性知识呢?

——进行大量的"感性接触"。

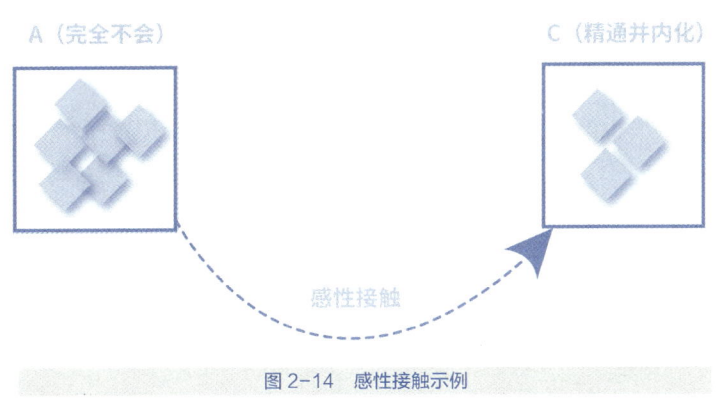

图 2-14 感性接触示例

当你接触大量的、多样化的案例时,你的大脑便开始悄悄观察什么是不变的，开始寻找规律。无论是鉴定小鸡的性别，还是判断这幅画是否真迹，总有一些不变的东西被你的大脑感知到了，让你条件反射做出了选择——即使你的"意识"还没有察觉到这一点。

要想通过感性接触从 A 直接到 C，重点是，大脑需要足够多、足够高质量、足够多样性的案例，否则就无法找到那些不变的东西，得到准确的规律。

实例的数量必须足够大才行。

具体要多少，每个领域都不一样，但多多益善总是对的。总之我们需要很多、很多、很多的实例，才能让大脑发现做好这件事的规律。

实例的质量必须足够高才行。

这是肯定的，只有看优质的内容，才能形成对优质内容的鉴定直觉，并且有意识地去靠拢。

实例要足够多样性才行。

要让大脑发现规律，就要给到足够的信息，让大脑从一堆领域里不同的实例中找到不变的规律，实例越多，越有多样性，大脑找到的规律就越准确。

比如你看摄影作品，就人像、风景、动物的作品一起看。比如你看优质文章，就故事文、干货文、情绪文一起看。

如果你练习了一阵子仍感觉效果不好，可能是以下几个原因：

1. 缺乏足够的实例；

2. 实例的多样化程度不够；

3. 接触与反馈的间隔时间过长；

4. 特征或模式过于细微，难以察觉。

所以，如果你想学好摄影，除了学会按快门和找黄金比例以外，还应该做什么？

看大量的优秀摄影作品，看几百幅，几千幅，让大脑自动学习"那些拍得好的照片有什么共性"，直到有一次你拿起相机，就能找出一个最好的角度。

所以，如果你想学好写作，除了学会逻辑框架和文笔修辞以外，还应该做什么？

看大量的优秀爆款文章，看几十篇、几百篇，让大脑自动学习"那些写得好的文章都有什么共性"，直到你拿起笔，就能写出一篇有灵魂的文章。

到最后，我们把完整的模型图串起来，回顾一下快速学习一门技能从入门到精通的过程：

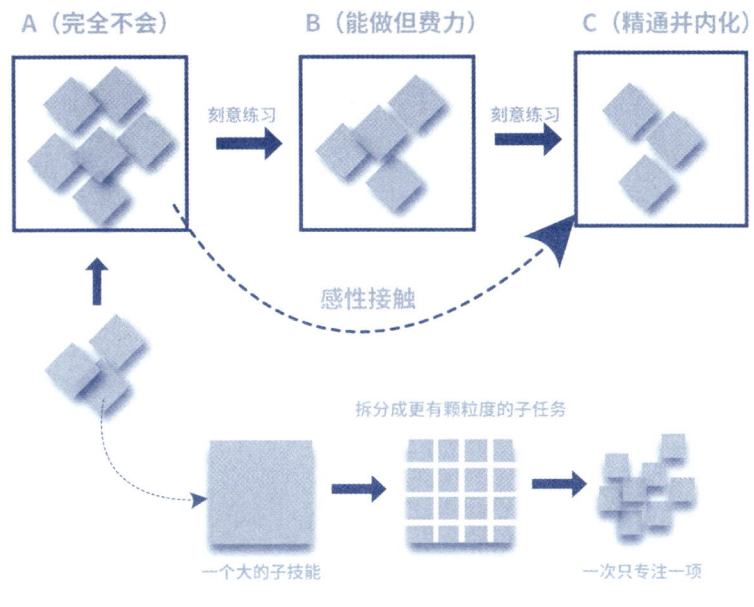

图2-15 学习一门技能完整的模型图

记住，好的工具只有在你去使用的时候，才能发挥出它的价值。希望你能够借助这个模型，早日实操，小步快跑。

世上没有"速成"

超强学习力练成,
打出"刻意练习+感性接触"组合拳。

02

六顶思考帽：
精英的多维度思考方法

这一节，我打算教你一个许多顶级人士都擅用的平行思维——著名的"六顶思考帽"，让你从思想风暴中冲出一条明路。

试着想象这样一个场景，你有一个国家叫鸟布拉斯，你的大脑就是鸟布拉斯国的国王，你有六个得力大臣，他们分别戴着白帽子、红帽子、黄帽子、黑帽子、绿帽子（此绿非彼绿）、蓝帽子。

而这鸟布拉斯国正是靠这六个得力大臣一手建立起的，他们每个人都有非常分明的职责分工——

白帽子大臣：

他是个典型的数据狂、资料狂，想和他讲道理是不可能的，他的情绪永远不会因为你的言论产生一丝波澜。

非要争论点儿什么的时候，他就会说："好了，我不喜欢无意义的辩驳，我们来分析下数据就知道谁对谁错了。"每当你问他对某事的看法时,他总是会递给你一沓资料让你自己看,所以没多少人爱和他玩。

红帽子大臣:

她是唯一的女性大臣,爱感情用事,多愁善感,相信自己女人的直觉。

她遇到事情总爱说:"我想这个应该就是对的,相信自己的直觉。"问她要些理论依据时却往往给不出,也不够坚定,不小心就被说服站队了,其他五个大臣曾经都想和她谈恋爱,但都被这种过于感性敏感的性格劝退了。

黄帽子大臣:

他是全国最乐观开朗的人。

不管逢饥荒还是遇干旱,他总是相信一切都会好起来,哪怕是隔壁敌国都打到殿门口了还是相信会有人来救驾,看什么都充满了机遇和希望,哪怕是自己从未尝试过的新方针,也能信心满满去操作一番,能量满满,但又鲁莽了点儿。

黑帽子大臣:

他是个阴沉消极的家伙,冷场帝,保守派。

无论你提出多好的方案,都能被他看出一堆缺点和bug(漏洞),并指出将会遇到的各种困难,然后说:"这个风险太大了吧!""这个做了也没什么用吧!"多大的热情都能给他一句话浇灭了,老是窝在安全区,小心谨慎,不想出任何意外。

绿帽子大臣:

他是个脑洞达人,拥有天马行空的想象力,什么事都不从常规出发，喜欢不按套路出牌。

他总是爱对国家的一些新方针补充很多额外的附加操作项，但有些过于不切实际和缺乏逻辑，以至于一时想不到可以怎么落地实行。他还喜欢思考些和别人不一样的东西。

蓝帽子大臣：

他是全国最靠谱的人，有干大事的野心，做事总是考虑得非常客观全面，有领导者的风度。

基本每次的大臣会议都由他组织和主持，维持秩序，总结拍板，一板一眼，井井有条，感觉没了他其他大臣都会争得鸡飞狗跳。

好了，说到这里，你也应该明白他们分别代表你大脑的什么思维了——

客观理性（白帽子）、感性直觉（红帽子）、乐观积极（黄帽子）、悲观消极（黑帽子）、脑洞创新（绿帽子）、总览全局（蓝帽子）。

还别不信，你的大脑里，真的就有这么多种思维。只不过平时思考时没有刻意组织过，它们总是以混乱的形式随机出现，所以你没办法清晰地感知到。

01

六项思考帽是爱德华·德·博诺（Edward de Bono）博士开发的一种思维训练模式，或者说一个全面思考问题的模型。

它提供了"平行思维"的工具，避免将时间浪费在互相争执上。强调的是"能够成为什么"，而非"本身是什么"，是寻求一条向前发展的路，而不是争论谁对谁错。

运用博诺的六项思考帽，将会使混乱的思考变得更清晰，使团体中无意义的争论变成集思广益的创造，让每个人变得富有创造性。

而以上国家大臣的类比，便是它们人格化的具现，便于你感知并调用它们来秩序化思考。

这种思维方式强调的是：拎得清，分得开。

六项思考帽的名字很有趣，我把它们比拟成六个不同的人，意在让你明确它们之间独立的思考过程，但它们的思考结果又是可以结合的。

这样的好处是什么呢？

许多人都没有平行思考的能力，往往想到哪儿就是哪儿，最后思绪跟一团乱麻似的缠绕纠结，理不出头绪。

而有了这六顶帽子的差异性和多元化，你就像有了一个智囊团，思考结论会更加清晰和全面。

这六顶帽子单独看思维都有些极端，优缺点并存，但组成智囊团，就能达到完美的互补。

大多数正常人的大脑里，六顶帽子是同时存在的，只不过因为个人阅历、思维模式的差异，或多或少有着长期的思考惯性，使得某一顶帽子得到独宠，其他的帽子则被冷落。

但你要相信，性格内向不代表思想保守，再悲观的人也会对"喝水不呛死"这件事充满信心，别让性格决定你的思考，也别惯坏了某一种思维方式。

所以，"六项思考帽"本质考究的还是你"能否让思维多次平行换位"的能力。

不是每个人都能把自己大脑中不同的思考区域精准区分出来，这相当于要先后切换到六种不同特质的人的位置上进行思考，还要尽可能避开彼此的干扰，别让他们打起来。

你的大脑中，实际上不止天使与恶魔两人在 battle（战斗），而是一通多人大混战。

只有认知到六项思考帽的同时存在，并有意识地规范它们的出场顺序，组织思考，才能得到理性、正确的结论。

我们直接一点儿，举个很多人都曾纠结过的关于人生选择的例子：

毕业后，到底是回老家工作，还是去大城市打拼？

我试着还原我曾经应用六项思考帽，决定是毕业回老家稳定的国企工作，还是孤身去杭州的互联网大厂求职的场景。

首先是组织者蓝帽子：

好的，会议开始，本次的问题是"毕业后是回老家进国企求稳，还是孤身去杭州从事我感兴趣的互联网工作"，重点议题应该围绕生活、环境、发展、工资来讨论。

——蓝帽子往往出现在思考的开头和结尾。

然后，资料狂白帽子出场：

让我们先看看生活方面，杭州滨江区租房成本约 1900～2800 元/月，购置生活用品和解决三餐约 2500 元/月，而回老家可以直接住家里免房租，晚上回家吃饭免餐费。

环境方面，杭州拥有互联网头部大厂，人才净流入率全国最高，而老家是个不重视新媒体的三线城市，连本地服务号都没几个，还做得很烂。

发展方面，杭州互联网环境更新迅速，在老家基本靠熬年龄、熬时间，只要在工位上好好活着就行，发展空间小。形式迭代快，晋升发展是 OKR（Objective and Key Results，目标与关键成果法）说话，人才更换率高，发展空间大。

工资方面，杭州应届毕业生平均工资是税前 6291 元 / 月，老家工资税前 3600 元 / 月。

——白帽子出场时只需要列手头信息，不带情绪。

乐观者黄帽子出场：

当然要去大城市，机会多、发展空间大，年轻人就应该多出去开眼界受磨炼，这个领域刚好赶在风口上，人才需求旺盛，体制内磨 10 年才能晋升，没准在杭州干 2～3 年就可以升职了。

而且，趁年轻收入高可以多攒几年钱，虽然物价也高，但 8000 元剩下 30% 也比 3600 元剩下 50% 多，在家的话感觉一辈子就这么被安排得明明白白了。

——往往黄帽子活跃后都需要黑帽子出场打压。

悲观者黑帽子出场：

真的会像你想的那样发展吗？杭州互联网领域有高学历人才大量涌入，你作为一个二本毕业的本科生，能在简历和面试关竞争出头吗？

租房以及生活成本能在你确定稳定工作之前划出来吗？收入虽然高两倍多，但房价高四倍不止，老家现成的资源你就白扔了？而且你孤身一人，如果突然出点儿事怎么办，能及时凑出钱和找人照顾你吗？

——似乎陷入僵局，两者势均力敌无法抉择，此时请出直觉小姐红帽子。

感性者红帽子：

虽然黑帽子说得对，但我骨子里就不是想这么早安定下来的人，我还很年轻，试错成本仍然很低，不负债，也没谈对象。而且我真的很想去感受下大城市充满竞争力的生活环境，虽然不确定性很高，可能初生牛犊不怕虎，我内心还是跃跃欲试的。

——还有什么帽子没出场？对了，脑洞鬼才绿帽子。

创意者绿帽子：

行，看来红帽子小姐凭直觉投了黄帽子一票，那我就想想黑帽子的那些问题有没有其他操作可以解决。

首先是房价问题，杭州房价的确高得变态，但我没必要非就长住杭州，我只是想去感受成熟互联网企业的工作氛围，以及学到更现代化的新媒体底层能力。

在有了足够的经验之后，我完全可以搬到一个物价低的二三线城市久居，而且我感觉线上就业很快就会普及，毕竟我毕业前都靠写稿赚过不少稿费了，过几年没准就是享受着三线城市的物价拿一线城市的工资。

一旦我在杭州学到更高端的技能，回老家重新找工作时没准还能实现一波降维打击？

关于租房的成本，我可以先吃点儿苦租个小单间，工作稳定前不考虑生活质量，周末也暂时不逛街剁手，减少娱乐性消费。

欸，说起这个，白帽子，在杭州租个便宜单间多少钱来着？

数据狂白帽子来了：

1600～1900元的都有。公司一般加班到19:30会提供晚餐，每日生活成本可以控制在40元内，一个月约1800元的生活成本，且应届毕业生平均工资在6291元/月，你有相关运营经验，大概税前能拿到8000元/月，扣除五险一金、租房和生活成本，可能不剩多少，但足够用。

似乎结论已经逐渐明朗，看看其他颜色的帽子怎么说——

红帽子此时和黄帽子站队一致了：

看看，就该这样！年轻吃点儿苦怎么了，总得在回家养老前换个活法，咱不欠债还没啥挂念的人，咋说也不会血亏。

黑帽子又开始挑刺了：

但是还是很难啊，万一出点儿意外呢？

——但是好像又没有什么论据可以补充了，而且意外是不可控因素，可暂时排除出我们的思考范围。

至此蓝帽子出场下结论——

组织者蓝帽子：

好的，现在已敲定去杭州寻找互联网领域的工作，综合判断给出以下两个补充事项：

1. 在工作稳定前，简化支出，并减少娱乐性消费缓解财务压力。
2. 无须死磕杭州，只用自我判断是否学到了精锻的底层逻辑和实用能力。

综述：虽然杭州竞争压力大、生活成本高，但均在可控范围内，且有"混不下去回老家"的退路可言，未来前景更好，发展空间更大，符合我内心对未来的向往。

那本次会议圆满结束，解散。

以上就是我对"选工作是回老家还是去大城市"的一次完整思考复盘，仅供参考。

事实上，你也发现了各色帽子出现时间、频率都是不固定的，一个大佬某次复杂的全局思考，很可能要每个帽子调用好几十次，闪现更快。咱就先从基础的学起，尽量让每个帽子都出现一遍再慢慢练习就好。

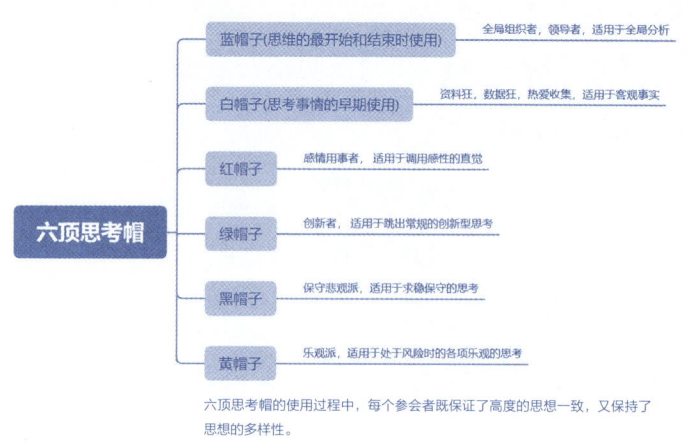

六顶思考帽的使用过程中，每个参会者既保证了高度的思想一致，又保持了思想的多样性。

图 2-16　六顶思考帽

最后总结个模板，六顶思考帽运用时的具体分工为：

1. 陈述问题（白帽子）

2. 提出解决问题的方案（绿帽子）

3. 评估该方案的优点（黄帽子）

4. 列举该方案的缺点（黑帽子）

5. 对该方案进行直觉判断（红帽子）

6. 总结陈述，做出决策（蓝帽子）

只要刻意反复练习这种思维方式，相信在复杂的信息迷宫中，你也能闯出一条属于你的新路线，也期待你解锁更多思考路径的新玩法。

> PS：谨防使用不当导致人格分裂，建议只在决策思考时使用。

应用六顶思考帽

想要成为顶级人士,
就要学会让思维多次平行换位。

沉浸阅读的心法：
威尼斯阅读与杂货铺阅读

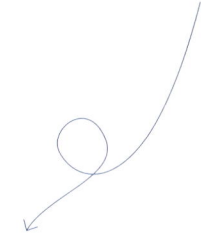

世人都说开卷有益，那到底开什么样的卷，才算有益？

有人读书是为了提升自己；

有人读书是为了愉悦身心；

有人读书是为了打发时间；

有人读书是为了开阔视野……

但至少，当你打开一本书时，你要清楚自己是抱着什么样的目的才打开了它。

如今的互联网时代，许多人都会有种无力感："感觉现在的书和文章都太多了，根本看不完也看不过来。"

在这种信息爆炸时代，内容铺天盖地越来越饱和，但真正优质的内容其实是越来越少的。

事实是，你之所以感觉信息太多，恰恰是因为你懂的太少，以至于无法分辨到底什么内容才是对你真正有用的，以及你该以什么样的方式吸收消化它。

如果你每天还在靠刷公众号和知乎，看 bilibili（哔哩哔哩）和抖音来学习，看似每天都在暴风吸入内容，其实都是些知识碎屑和残渣而已。

因此，信息越爆炸，就越要减少摄入的密度，提高输入的精度。少看书，看好书，少扫视，多吸收。

以下是我验证过的最好的两种读书方法，我用类比的方法呈现出来，希望对你有帮助。

01

你，有没有感受过这样一种状态：

在做某件事的过程中，忽然感觉周围全都安静了下来，听不见噪声，整个世界仿佛就只有你和你手头上的事情。等到你做完了伸个懒腰，一看表才发现已经过去了两个小时，而自己却毫无感觉。

这种"心流"（Mental flow，在心理学中是一种人们在专注进行某行动时所表现的心理状态）的专注状态，对我来说，现在已经很少有了。可能你也很久都没有这种感觉了，因为现在的信息爆炸时代的特性就是"随时干扰，一直在线"。

社会心理学有个概念叫"稀释效应"（dilutive effect），是指附加的不切题的信息会弱化我们对这件事的判断或印象。

正符合现在的泛娱乐社会，知乎、微博、短视频、游戏……干扰因素时刻在对你的专注力进行单方面吊打或群殴。而看书又恰恰是一件需要高度专注的事，当书中的主要信息和网络的碎片化信息混在一起，必然会导致我们注意力的稀释。

所以为了召回注意力，许多人会从直接切断干扰来源入手，比如看书时断网，静音并把手机扔两米远，或者走乔布斯的极简主义防线，直接把自己扔到一个没网、没人，没任何干扰事物的环境之中，但由外界喧嚣，自己静如止水。

这其实治标不治本，想要获得高度的专注力，前提是这件事情对你有足够的吸引力，足以让你从中感受到乐趣。不然就算不玩手机，不和周围的人聊天，你还是会感觉连窗边爬过的蚂蚁都值得观察一番。

就我的经验来说，以什么样的方式读书能够获得最佳的阅读体验，才是最重要的。

> 很多人坐下随手翻开书，看两行觉得都在说些不明觉厉[①]的事情，对自己没什么帮助，不看了。或者是觉得干货又太枯燥太长了，看完都该猴年马月了，没耐心看完。
> 由错误的阅读方式，引发极烂的阅读体验，必然让你无法耐心认真地阅读下去。

俄国哲学家别林斯基曾经说过："阅读一本不适合自己的书，比不阅读还要坏。我们必须会这样一种本领，选择最有价值、最符合自己需要的读物。"

在这里，教你两种应对不同图书种类的阅读方式：

第一种，我称它为"威尼斯阅读"。

---

① 虽然不明白你在说什么，但好像很厉害的样子。

> 水是威尼斯城市的灵魂，蜿蜒的河道、流动的清波，水光潋滟赋予水城不朽和灵秀之气……懂得欣赏威尼斯水城之美的人，应是在月夜里，招手叫一只"贡多拉"，沿着运河曲折的水道，让自己迷失在迷蒙夜色中，领略这水上古城永恒魅力……
>
> ——《品味威尼斯水城》

这种阅读方式，像是去水城威尼斯旅行一样。

旅行的意义在于体验，你很难说清楚会有什么具象化的收获，因为你不是为了捞金，不是为了求知，只是单纯为了**获得体验**。

这种体验，可能是对历史遗迹的惊叹，对自然奇迹的敬畏，对人文风情的向往，等等，因人而异。城市那么大，无论文科生还是理科生，画家还是数学家，不同的人会根据自己不同的阅历，从所见所闻的相同事物中，得到不同的体验。

而用这种方式读书，重要的就是体验。

读《活着》，你体验苦痛与生命力；读《白夜行》，你体验爱与救赎；读《月亮与六便士》，你体验桀骜与梦想……

当代人过于吹捧"功利性读书"，却忽视了人最丰沛的感情在于体验感，这正是"威尼斯阅读"所能弥补的地方，那就是即使很难说你从这些书中学到了什么硬知识，是否实现认知升级，但这种从剧情而来的体验感，以及忽然之间某段话对你的启发，也会提高你认知世界的水平，让你对生活的变数更加从容，对命运的多样更加接纳。

而这些，都是功利性读书做不到的。

这种事也很玄妙——"**你无法为了获得体验而去体验**"。

因为体验本身发生在沿途随机的细节中，并十分依赖你的观察习惯，你没办法快马加鞭。追求效率的体验，就变成了走马观花，如果刻意去追求和寻找，它反而容易消失不见。

用我那蹩脚的量子力学知识类比，为体验而体验，就像"一观测，就坍缩"的粒子一样，光是观测本身，就会改变状态，甚至化为乌有。

所以想要获得体验，重要的是：

1. 必须读得"慢"。

只有"慢"下来，你才能优哉地欣赏沿途的风景，而不是走马观花。越是那些流传百年的经典读物，其性质就越像有千年历史的名胜古迹，需要有耐心地进行深入了解，才能够得到更多的体验。

2. 必须不带知识性目的。

只有暂时摒弃"读书一定要学到点儿什么"的功利心，你才能品味出书中的细节剧情、人物感情，而不是浮光掠影。

那这种体验型阅读，最适合用来读什么书呢？

想要从白纸黑字的书籍中获得体验，就不得不需要"想象"，毕竟我们都是经由感官和想象来体验事情的。

在《如何阅读一本书》中，莫提默说："不要抗拒想象文学带给你的影响力。"因为想象文学就是在阐述一个经验本身，读者只能读完全书，才能拥有体验，甚至获得一种享受。

所以体验式阅读就相当适合阅读想象文学，比如小说、戏剧、抒情诗。

记住，对体验类的书籍，我们不应该要求效率，而应该要求沉浸。

> 这里给你推荐几本我觉得体验很有趣的书：
> 《艺术的故事》《你当像鸟飞往你的山》《人类简史》《月亮与六便士》《所罗门王的指环》《1984》《梵高传》《复活》《百年孤独》《给忙碌者的天体物理学》。

02

第二种，我称它为"杂货铺阅读"。

杂货铺有什么特征？

没错，它什么样的小商品都有。从瓜子、话梅、矿泉水，到毛巾、电池、晴雨伞……每一个来到杂货铺的人，都很清楚自己需要什么东西，在杂货铺寻找到后，就会把它买走使用。

同理，阅读一本书之前，你需要想清楚：读这本书的目的是什么，我是想解决什么问题。

带有"阅读目的"（reading purpose）去读书，也就是从"杂货铺"中找到你需要的"商品"，然后"买"回去"用"。

这样阅读，能帮你达到两个效果：

1. 它切实有效地帮你解决了现有的问题。
2. 它能引你到正确的方向去，达成你的期望。

相比需要慢读全书，诱发想象的体验式阅读，这种杂货铺阅读可以相对功利一点儿。毕竟我们生活中还有很多待解决的问题，我们需要从书中寻找答案。

但它也不像搜索引擎那么功利，因为必须强调的一点是：杂货铺阅读绝对不会被搜索引擎替代或超越。

不少人都会想："我想要寻找什么问题的答案，直接上网搜不就行了吗？"

这倒是没毛病，毕竟网上什么信息都有。但这种思维忽略了一个情况——你未必知道你的问题到底是什么，以及你该在搜索框里输入什么关键词。

搜索引擎的算法，是"输入问题→检索答案"。

但许多时候，我们面向人生的问题并不是"意大利的首都是哪个城市""怎么做一盘蛋炒饭"那么单线直白的，而很可能牵涉到更多知识体系和更模糊抽象的问题，比如一些人与人，或人与非人世界之间的关系，别说寻找答案，甚至无法准确定义问题。

若你试试去百度搜"对人生很迷茫怎么办？"，往往会看到许多"废话"回复：

> 人总有迷茫无助的时候，迷茫的时候是自暴自弃，还是静下心来好好想想自己的未来？想想自己失去了什么，还拥有什么，想要什么，以自己目前的能力能得到什么。其实不要抱怨，相信这个世界，还有爱。

还有"小编体"的回复：

> 迷茫感相信大家都很熟悉，但是对未来很迷茫找不到方向是怎么回事呢，下面就让小编带大家一起了解吧。
>
> 对未来很迷茫找不到方向，其实就是不知道自己想要什么，没有追求和理想，大家可能会很惊讶对未来很迷茫怎么会找不到方向呢，小编也感到非常惊讶。

这就是关于对未来很迷茫找不到方向的事情了，大家有什么想法呢，欢迎在评论区告诉小编一起讨论哦！

而杂货铺式阅读，不仅帮我们寻找答案，也帮我们提升"输入问题"的能力，即"精准定义这个问题所牵扯的多个系统，并将它还原以分步解决"的能力。

比如，大学刚毕业还没选择工作的我，对人生有点儿迷茫，此时我想起吴军老师的《见识》中提到的两句话——

> 很多时候，我们把太多的精力花在了选择上，而不是经营上，导致难以精进。或许少些选择，我们会更加聚焦，也会让我们更幸福、更成功。

哦，原来我迷茫的本质，是因为我面前选择太多，而我却压根不知道我想要什么，只会白白耗费精力去瞎想。所以此时我真正需要的是：

排除多余选择，找到一个我喜欢/擅长的事情去聚焦。

如何通过排除法找到自己擅长的事情呢？这个时候你就可以借助搜索引擎了，什么MTBI职业性格测试、九型人格测试……任君选择。

所以，所谓的杂货铺阅读，其实是在帮你构建一个更完整的知识地图，快速把问题分门别类，再针对性解决。

我在"如何快速学习一门技能"那一节中提到过：<u>构建知识地图，没有什么比书更加擅长了。</u>

因为书的内容都是相当系统化的，将之归类所形成的目录，其实就像是一张知识地图。

进行这种"杂货铺阅读"，重要的是以下两点：

1. 有意识地带有目的去阅读。

先从目录中看看能不能找到能解决你现有问题的章节，优先阅读，并且同一时间内只查一个知识点，避免注意力分散。

2. 追溯书中的引用来源，因为好作者被大众簇拥，更好的作者被好作者簇拥。

许多书中都会大量引用其他著作的理论和研究等，如果你觉得某书中的引用很棒，那就顺藤摸瓜，找到被引用的那本原著继续读。

老练的阅读者不需要靠书单找书，只要读到了符合自己胃口的书，就会去追溯书中引用，比如《深度思维》引用了《金字塔原理》，《跃迁》引用了《透过结构看世界》，不断延伸阅读下去，知识网络也会呈树状展开。

当然，选择该追溯到多深，应该根据某个观点对你的吸引力判断，若是某个观点你非常感兴趣，那相当值得去借来引用原著读一读。

重点是，你该自己找出对你有特殊价值的书来。

这种阅读方式，适用于实用类的书籍，比如应用工具类、说明书类、学科教材类、思维认知类的书籍。

而对这一类的书籍，我们就不用要求沉浸和体验了，而应该追求提高效率。

> 在这里也给你推荐几本我觉得足够系统和能精准定义问题的书：
> 《如何阅读一本书》《批判性思维》《非暴力沟通》《经济学原理》《系统之美》《反脆弱》《高效能人士的七个习惯》《时间的秩序》《定位》《穷查理宝典》。

03

最后，再给出两个帮你集中注意力、提高认知效率的方法：

1. 给自己描绘一个图景。

研究表明：事先想象一件事被完成的图景，可以有效地增强动力和提高成功率。

每个人都对生活有着某些期待，也一定有某些需求无法满足，此时你可以将读书作为解决需求的方案，以此满足。

想象一下，你通过读书实现了期待的那个图景，思考你会获得什么，用这个长期目标去压制那些时不时蹿出来的干扰欲望，用将来的你带动现在的你。

==最重要的是，你想成为一个什么样的人。==而这也是可以在读书中找到答案的。

2. 启动自我觉察意识。

我们非常容易被外界因素所引导、暗示，从而做出无意识的行为。本来只想打开手机查个东西，最后却边刷微博，边和朋友聊着八卦。

所以，你要懂得启动"自我觉察"（self-awareness），即一种"意识到此时此刻你在做什么"的能力。

同样是刷手机，自我觉察能力强的人，可能一分钟不到就反应过来自己走神了；自我觉察能力弱的人，直接刷到忘却时间，放飞自我。

所以，需要刻意启动自我觉察意识。一开始，我们可以给手机定 10 分钟的闹钟，唤醒游走的注意力，也可以通过一些醒目的标识来警示自己。比如我之前就特地为自己设计了一张壁纸，在打开手机的一瞬间就提醒我："你现在在玩手机！"

莫提默曾说："如果你的阅读目的是想变成一个更好的阅读者，那你就不能摸到任何书或文章都读。"懂得如何选书，读书，以我为主，为我所用，这才是沉浸阅读的心法，也是我们该去追求的境界。

无论在读书之前处于什么样的状态，都有一个词非常适合愿意沉下心好好翻开一本书的你：

"渐入佳境"。

威尼斯与杂货铺

你无法为了体验而去体验,
就像搜索无法解决你所有的问题。

04 非功利学习的红利：
为什么要学"没有用"的知识

这年头，功利学习法相当受吹捧。

所谓功利学习，就是从工作或生活的实际需要出发，以应用为第一目的，要求学习那种学完后立马就可以用到的针对性的知识。

无论是读书还是学习，我们都被教导着"少看点儿没用的小说"，"这个知识点月考要考，赶紧背下来"……就连从小父母给我们报的兴趣班，也不是真正为了"兴趣"，而是为了增加你未来的竞争力。

这种心理暗示潜移默化，导致现在我们学习很多东西最在意的是这个知识有没有用，而不是自己喜不喜欢、想不想学。

听说Python是最近的风口，于是我也跟风去学，担心自己未来没有竞争力。

自媒体们给这种学习方式命名为"功利学习"，号称

"不学没有用的知识"：我们身边的信息太多、太杂，我们的时间、精力有限，当然需要更高效的学习方法，让知识为己所用，那些花里胡哨的冷门东西，你学它干吗？

我有一个坚持了八年的习惯，就是能够从头到尾地——包括引言部分和结语部分——读完一本书。而一些自媒体所号称的功利学习法，却鄙视了我这种一字不落的读书习惯。

那么，学习到底是功利一点儿好，还是非功利一点儿好？

或者换句话说：那些看似没什么用的知识，到底还要不要学？

01

既然谈到了功利学习，那我再深入问一句：你认为什么算功利？

是以解决眼前的问题为主，看书只用看对自己最有用的那部分，学习只用学考试要考的知识点就叫功利？

还是学一些在未来有用的底层能力，比如逻辑思维、结构化思考叫功利？

甚至我们可以再划分细一点儿，说所有的技能类，比如写作、Python、Excel、PowerPoint 等都算是功利的。但陶冶情操类，比如插花、绘画、音乐等就不算功利。

或许大部分人会觉得，技能类是功利的，而陶冶情操的兴趣爱好，就是非功利的。但其实严格意义来说，上面无论哪个都不能算是真正的功利学习。

惯性思维暗示我们学习"有用的"就是功利的，学习"无用的"

就是非功利的。但这是错误的，真正能区分"功利学习"与"非功利学习"的，并不在于你学的是什么，而是在于你抱着什么样的心态去学。

功利性学习，抱着的是"怎么做"的心态。比如：学这个有什么用？我要怎么学才能学会？

——功利学习寻求的是一个封闭式的答案，它无法衍生出支线价值，只能单线地解决问题。

而非功利性学习，抱着的是"为什么"的心态。比如：我为什么想学这个？它为什么会存在？

——非功利学习寻求的是一个开放式的答案，它可以衍生出支线价值，会将问题扩展成网状结构。

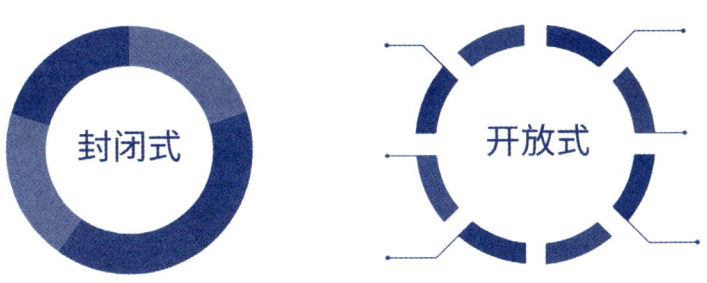

图 2-17　功利学习与非功利学习

可能有点儿抽象，举个例子：

学习某个是重要考点的物理公式，这个是非常学术性的东西，专为考试而生，或许你感觉学这个百分百是功利性学习。

的确，如果你想着"赶紧背下来期末要考"，把这个公式定义为一个考试解题的工具，那这就算是功利性学习。

因为你追求的是一个封闭式答案：把公式填到考试答题卡上，解出物理题，拿到分数。除此之外，没有其他价值。

但如果你开始想"为什么这个公式是这样的？它还能推理出什么？"，将公式衍生，再去推导其他的理论，这就不算功利学习了。

因为此时你追求的是一个开放式答案：这个公式在生活中起到了什么作用？是不是可以利用这个原理再去发现什么规律，或者做一个小发明？于是这个公式就赋予了你网状扩散出去的想象力和创造力，而这两者能带来的价值，都是无上限的。

同理，哪怕是玩滑板，如果你想着"我喜欢这种挑战自我的极限感，滑板最棒了"，以此为目的，那就是非功利性学习。

但如果你还想着"滑出最流行的姿势去吸引别人的目光"，那这还是功利性学习。

或者如果看到这儿你开始想，知道这些对我有什么用吗？——那你这就还是带着功利性学习的心态在看这篇文章。

所以，想请你暂时抛却自己的功利心，继续看下去。

02

抱着"怎么做"和"为什么"的心态去学，会有什么不同吗？
当然有。

因为你只要搞懂一个"为什么"，就能够游刃有余应对一百种"怎么做"。

我们能够熟练地用公式理论解题，却很难理解它的原理，将它真正地嵌入到自己的知识网络中，继而运用到现实。

有人调侃说："你会用三角函数买菜吗？"买菜的确用不着三角函数，但我们这么想的同时，也扼杀了自己的想象力。因为我们明明可以有许多机会，用这些知识思考很多其他的"为什么"。

> 高中化学中有一个很经典的化学方程式：$NaClO+2HCl \rightarrow Cl_2\uparrow +NaCl+H_2O$，许多学生都只当它是考试重点，背就完了。但也有学生代入现实中，懂了为什么洁厕灵不能和84消毒液一起用。

知乎上有个很牛的动物答主——苏澄宇。他很擅长用科学的口吻回答一些大开脑洞的问题，比如他很有代表性的文章《养只哥斯拉，你每天要花多少伙食费？》。

他在回答中提到了一个概念：异速增长关系。这个理论一般用在论文里研究蝌蚪、细胞等科学问题。而在这篇文章里他却能拿来琢磨哥斯拉为什么喜欢吃核弹头。

他能用他所学的理论知识解释幻想和现实，一本正经地胡说八道。这代表他是真正学到了"为什么"的境界，而不仅仅只会回答别人一个固定的理论该"怎么做"。

"怎么做"对应的只是流程，而"为什么"对应的才是原理。

明白了原理，你就能发现，很多问题解决起来，都是换汤不换药的。

数学学得好的人，懂得了理科思维，于是学起物理和化学也水到渠成；啃完某本名著的人，意会到了其作品精髓和叙事手法，就连自己在现实中的理解和表达能力都能有所提升。

经常有人问我要关于如何提升认知思维能力的书单，说起这一类书籍一般能推荐的都会是《认知天性》《批判性思维》《超越感觉》等硬核工具书，但我会推荐一些经典的小说，比如《月亮与六便士》《黄金时代》《死屋手记》……

或许短时间内，看工具书的获得感很强，而看小说似乎"没什么用"。

但你读得多了也就能发现，工具书只能给你很多方法论和理论模型，小说里讲的才是人生，是经验，是世界观。

"有一千个读者就有一千个哈姆雷特"，这只能是小说的专属。看工具书，你获得的是功利性的、单一的理论模型；而看小说，你获得的却是对人生、对价值观的思考和领悟，以及看事物的多个视角，这就是非功利性学习所产生的网状支线价值。

而当你开始从工具层面的单一的"怎么做"，变成思考生活中的许多"为什么"，当你抱着"为什么"的心态去学习时，你会发现——

==居然有许多你曾经认为"没有用"的知识，都在某个你意想不到的地方，突然有了存在感。==

03

小时候看电视，我最喜欢看《动物世界》，也爱翻一些乱七八糟的旅游杂志，哪怕我知道我这辈子都不一定能去非洲的热带丛林，但也乐此不疲。

有一次，我看了蓝鲸的纪录片，了解到蓝鲸是哺乳动物。我兴奋地冲到我爸面前说："爸爸你知道吗，不是所有的鱼繁殖都只产卵，蓝鲸居然是哺乳动物耶！"

还好，我爸也是个老小孩，没打击我说："知道这个有什么用吗？"而是很感兴趣地对我说："那你知道还有什么是哺乳动物吗？要不要去搜搜看？"

于是我搜了一下午"什么动物是哺乳动物"，即使我知道这个知识很可能一辈子都用不上。

后来我上了高中，有一篇很火的QQ空间日志刷屏，大意是说：

有一个女生，用了仓库里放的过期的卫生巾，这个卫生巾之前被老鼠做了窝，上面有很多老鼠卵，这个女生用了这些被污染的卫生巾之后就怀了老鼠崽……

这篇日志被疯传，人们评论"太可怕了""一定要检查自己的私人用品"等，但我看到的时候，下意识地就感觉到了不对劲，想了一会儿，我突然就明白了过来：老鼠明明是哺乳动物呀，哺乳动物是胎生的，怎么可能会产卵呢？这明明就是一个假得不能再假的谣言。

虽然当时没人信我，但我的确是依靠着曾经以为"没有用的知识"完成了一次对垃圾信息的自动过滤。

于是，当初我所以为的"毫无价值"的知识，就这样被嵌进了我的世界观里，并且成了我直觉的一部分。

04

<u>所以这个世界上，是没有真正无用的知识的。</u>

即使你认为你这辈子都遇不到能用这个知识的场景，但它的确被内化和吸收进了你的潜意识，或许在未来你可能都不曾想过的某个地方，突然就迸发出存在感。

这个称为"世界观的拼图"。

> 知识就是知识，当你得到了它，你就得到了一小片自己世界观的拼图，你拼得越多，世界观就越完善，在这个过程中，会有一种东西渐渐浮现，那就是你关于信息的直觉。
>
> ——河森堡

把你的世界观想象成一个大拼图，知识越多，这个拼图就越完整，你所能看见的图景就越全，你的直觉就会越强烈。

有句话叫<u>"此处总是别处"</u>，这其实指的就是世间之事，只要你足够深入，就能发现它们之间的许多共通之处。

<u>随着这份世界观拼图的逐渐完善，你会发现原来许多跨界的知识都是相通的。</u>

你开始能够熟练地运用跨界素材，用理科思维解决生活问题，用经济学思维类比两性关系，你逐渐能够做出有趣的比喻，讲生动的故事，你可以用动物世界的弱肉强食分析公司文化，你也能用宇宙的极致浪漫去说动人的情话。

> 你身体里的每一个原子,都来自遥远宇宙中一颗爆炸的恒星。
> 形成你左手的原子可能与右手的来自不同的恒星。
> 这是我所知的,关于物理的最有诗意的事情
> ——你的一切都是星尘。
>
> ——劳伦斯·M. 克劳斯

别人会慢慢发现你的思维非常发散而且思路清晰,你的表达非常生动和独特,因为你和那些只会照着书读的人不一样,你还会开各种脑洞,花式举例子,把理论讲得非常有意思。

于是你发现,原来,你学的只是暂时还不知道该怎么用的知识,而绝对不是没用的知识。

05

我对这本书的定位并不是为了帮你们成为会学习的人,而是希望你们成为懂得换维度思考,有生活趣味的人。

所以,在非功利性学习方面我希望你们可以试着做到这几点:

1. 保留自己"无偏见"的好奇心。

大家都知道好奇心,但"无偏见"的好奇心是什么呢?

其实,随着我们长大成熟,我们对许多东西都会有自己的看法,也会形成自己的价值观。此时,我们就可能会带着一种"偏见"去看自己没见过的东西。

当人构建了自己的价值观,也就懂得分辨在自我标尺内的"对错",对自己价值观不认可的东西,条件反射地认为它在常理上有

错误。

但其实，世间万物没有标准意义上的对错，只看你能不能不带偏见，试着去了解它，再接纳它。就像小时候，我们每天都向世界中的各种东西发问，但我们只想知道为什么，从来不会去批判对错。

这种童心，就是一种"无偏见"的好奇心。

2. 多学习一些自己喜欢的东西，不考虑用处。

喜欢插花？喜欢木工？想考个咖啡师？甚至喜欢从池塘里拔水草来鱼缸造景？那就去学吧，即使这些东西学了也不知道目前有什么用，也涨不了工资。

你要知道，那种从自己所热爱的东西中获得的欣喜、感动、满足，都会内化为你的气质和精神。一个被热爱的东西滋润着的人，是看得出来的。

多少人想方设法让自己变得有趣与特别，殊不知这只需要坚持做自己喜欢的事。

3. 锻炼自己的想象力。

想象力是我们能送给自己的最好的礼物，它能够让我们从平平无奇的生活中找到趣味和灵感。

写作、创造离不开想象力。毕竟所有现今被证实的，曾经都只是被幻想的，凡尔纳以前的科幻小说预言了"会上下移动的箱子"，曾经的想象力也实现为现在的电梯，包括许多如今我们习以为常的工具，曾经也只是其发明者的天马行空。

所以我们平时也不要总是局限于自己所看见的，记得多去想象一下，它还能怎么组合？创新？迁移？

> 想象力比知识更重要，因为知识是有限的，而想象力概括着世界的一切。
>
> ——爱因斯坦

06

有人说，"出类拔萃"是功利学习的成果，而"博学多才"是非功利学习的专属。

或许，有些知识你不会将之运用到自己的学习工作中，也难以将它作为高大上的谈资。

但你通过它，看见阿拉斯加的鳕鱼跃出水面，太平洋的海鸥从沿海城市上空飞过，北欧夜空绚丽的极光正在闪耀时，或许也能比纯粹欣赏美景的那些人多一份新的敬畏和感悟。

少带一些功利心去学习，你才能感受到真实世界的那一部分美好。

当然，功利性的学习是必需的，功利性学习很好的人，会成为一个工具大师、技术人才。

但或许，让你真正成为一个有魅力的人，正是非功利性学习的那些部分。

所以，别忘了为那些看似"没有用"的知识，始终都留出一点儿时间。

浪漫的无用知识

"出类拔萃"是功利学习的成果,
"博学多才"是非功利学习的专属。

05

21分钟基调时区：
拯救你的间歇性堕落

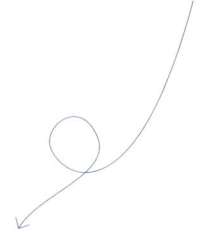

"今年你给自己列的计划，放弃得怎么样了？"

这不是一个会冒犯别人的问法，这只是一个过于真实的问法。

在这个当代人普遍缺乏远视和耐心的年代，相比问实现了多少计划，直接问放弃了多少计划要更加现实。

每个人都想打破"计划就是用来放弃"的怪圈，每个人都希望自己不要选择性遗忘曾经立下的目标，但很不幸，这种现象还是一遍遍地上演着。

有一句咸鱼名言很精妙地总结了这种现象——"持续性踌躇满志，间歇性混吃等死"。

我们不妨把这种现象统称为"间歇性堕落"。

01

对间歇性堕落，许多人更加耳熟的说法是"三分钟热度"和"三天打鱼两天晒网"，其实三者的本质也差不多，都是一种单向的思维模式——

认为自己一旦下定什么决心或者开始一种行为模式后，就需要持续、积极地坚持下去，直到养成固定习惯为止。

这也是许多人包括我常有的思维误区：认为自律的初期养成，需要靠完美无缺的执行力来推进。

读大学时，我就给自己安排过一个详细的时间表，精确到了几点几分起床，花费几分钟读书休息等，每天卡点完成一个，就打一个钩。初期的确还挺有成就感，觉得一切都尽在我掌控之中。

但副作用是，只要哪天我起晚了半个小时，或者有一件事被其他事打乱节奏，导致没按计划完成，我就会一整天都陷入"无法精确完成计划"的颓废之中。

我抱着破罐子破摔的心态："反正今天的计划也完不成了，不如就浪费一天吧，这一天废了，明天我再重新开始。"于是那天其他的计划我干脆也扔一边去了，哪怕我还有很充足的时间去完成剩下至少一半的计划。

后来事态越发不受我控制……生活节奏变快，我越来越频繁地被打乱计划，被迫"重新开始"。

此时我才感觉有什么不对：我给自己定计划是为了让自己不再拖延，怎么现在荒废的时间反而还越来越多了？综合算下来，哪怕我有一天完美地完成了计划表，也抵不过我直接放弃的时间中落下的进度。

这就是一种完美主义陷阱。效率专家 Lachel 先生将其称为"自恋之猫"，是指一些对自我有较高期望的人，期望自己可以达到某种高度，成为"理想自我"（心理学名词），喜欢用挑剔的眼光审视自己，给自己挑刺。

在《拖延心理学》里，这些完美主义者因为害怕自己的不足被人发现，害怕自己用尽全力还是做得不够好，就会选择用拖延和堕落来保护自己，将其作为心理防御策略。

许多次的堕落和放任自流，都不是完全因为要做的事情很多或很难。而是因为这些人总是很难原谅自己的堕落，进而选择了直接否定一整块的时间。对自己要求较高的人，甚至还会直接否定自我。

<u>堕落是堕落的原因，也是堕落的结果。因为堕落而堕落，再由堕落带来更多的堕落。</u>

所以我们需要找到一个"塞子"，去堵住将会唤起堕落的契机。

02

这个塞子叫作"晨间 21 分钟基调时区"。两个关键词：晨间、基调。

早晨的初始状态，往往会影响你一整天的行为模式。美国职场专家林恩·泰勒（Lynn Taylor）表示，早上之所以重要，是因为早上将为一天的工作奠定心理状态。

马克·吐温还曾经写过："早上起来第一件事就是吃一只活青蛙，那么剩下的时间都会轻松很多，因为不会有更糟糕的事情发生在你身上了。"

当然这句话是个调侃，重点表达的意思是：每天早上完成最需要的任务，那么接下来一天都会相对轻松很多。在一天的开始，我们最先选择去做什么，往往会极大地影响这一天的走向。

很多人早上一醒来，就是先玩一个小时的手机，而这个"玩"的基调被提前奠定后，就越容易堕落、荒废掉这一天。我亲身验证，我早上只不过是看了一集 20 分钟的剧，结果就不知不觉花了一天去追完了一整部，因为实在不想中断一开始的那个状态和心情。

我测试了很多次，最后发现这个固定时间定为 21 分钟是最好的，把每天的闹钟调早 21 分钟，然后在这 21 分钟里，只做今天最想做的、最重要的事。我把这 21 分钟称为"基调时区"，也就是：奠定好一天的学习基调的时区。当然，每个人的时间是不一样的，需要根据自己的情况来自行设置。

之前在知乎上有人邀请我回答一个问题："单身职场人士如何利用晚上八点到十点这段时间自我提升？"

> 时间管理　成长　职场　单身　职场新人
>
> **单身职场人士如何利用晚上八点到十点这段时间自我提升？**
>
> 本题已加入圆桌，职场新人须知，更多"职场新人""职场"的相关话题欢迎关注讨论。
>
> 圆桌精选 等 2 项收录　　点击查看

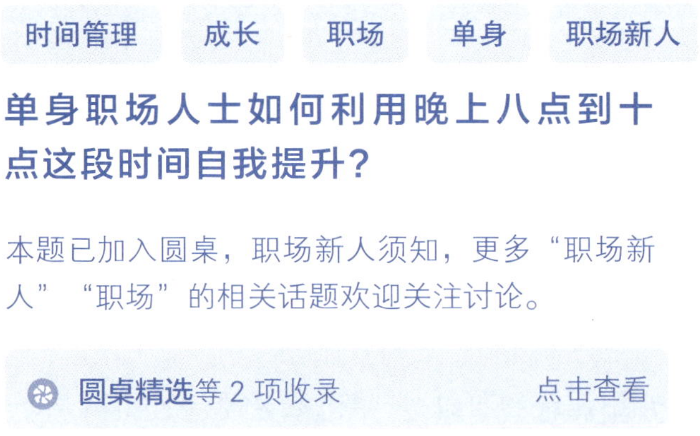

图 2-18

如果一个上班忙碌或者学业繁忙的人真的去实践了，我相信你会哭着回去取消这个问题的。

我的回答是：为什么要利用晚上的时间来提升自我？为什么不利用早起的时间来提升自我？

而这正是"晨间 21 分钟基调时区"的用武之地——

基调玩法 1：在最佳精力槽里做创造性工作

如果你把学习时间放在晚上，很大的可能会变得拖延。

大学时我找了份兼职，晚上八点下班，去上班之前我小算盘打得很完美：

八点下班，八点半到寝室，看一个小时的书，写一个小时的文章也才十点半，还能再用半小时背单词，十一点准时睡觉，完美！

结果去上班后，我发现我想多了。现在回想起来的唯一感觉就是累，晚上回宿舍只想倒头就睡，连游戏都不想打了，还看书写作背单词？

许多人都有过下班后只想把自己扔床上瘫着玩手机，衣服不想洗，书也不想看的经历。因为下班之后的时间，看似是你可以自由支配的，但实际上，它应该是你身体用来休养生息、放松精神的。

要知道，忙完一天的那种累啊，不只是身体上累，还有精神上的消耗。请问这时还有多少人能对学习这种更烧脑的事提起劲头？如果勉强自己去学习，只会越发透支自己。

根据脑科学理论，我们的大脑在起床醒来两三个小时里最清醒，正处在头脑技能最高的黄金时间段，工作效率可以提升到平均状态的两倍，甚至更多。

而心理学研究发现，早晨是做创造性工作的最佳时间，大脑在夜晚的深度睡眠中完成了对白日信息的整合与清扫，精力槽能够得到完全恢复。在早上，个体状态最好，意志力和创造力最充盈。

所以这 21 分钟，你要做最有创造力的工作。

你可以尝试写作、绘画、列计划表、写方案等，尽量只做输出，不做输入。

只有早起的时间才是你可控的、可固定的。老板不会在这个点召唤你，同事不会在这个点要什么文件，甲方也不会这个点突然回复你。你心无旁骛，这可能是唯一一段能匀给自己全身心投入的、安静、清醒的时间。

基调玩法 2：提前一晚做明日预设

互联网的发展不停地抹平时间和空间的信息壁障，钉钉和飞书这么好用，工作和生活的界限不断被模糊化——下班时间？不存在的，下班后你还是要秒回工作信息，周末了你还是要时刻心系老板冒出来的奇思异想。

泰勒说，大多数职场成功人士都清楚地意识到早晨可能会遇见很多不可预知的事件、大量的沟通以及混乱。

等到下班时，你的这一天早就经历了太多，路上堵车，开会挨批，回家还可能和男朋友吵一架，并且还得时刻关注工作群……这些复杂的事件，都会导致你的晚间学习计划破产——或情绪，或冲突。

所以，晚上的时间不要拿去做学习创造类的工作，可以躺着发呆，好好休息一会儿，因为人在累的时候的确无法考虑其他。

同时你可以做一件轻量级的事情：做一个"明日预设"。

每晚睡前做一个明日预设，即提前在脑子里想一遍明天的学习计划。比如："明天早上八点起床后，先练十五分钟的瑜伽，再看十分钟的书，把今天上课的课后作业完成。"这叫"预设动作"，即提前在大脑中埋下一颗"预约学习的种子"，等到这个预设的条件达成时，就会自动触发你的下一个动机。

早晨 21 分钟的基调时间非常宝贵，不要等起床后才浪费时间去想该做什么，利用好预设时间的暗示性，让自己第二天自然地去完成计划，让基调的作用最大化。

当你第二天"八点起床"的这个动作发生之后，你自然就会去"先练十五分钟的瑜伽"，做完瑜伽后，又会自动"再看十分钟的书"，如此你根本不需要再重新调用认知资源，重新想下一件事该去干啥，因为你已经提前决定好了！

基调玩法 3：用精力管理战胜时间管理

现在，我们的时间似乎永远都不够用。

所以各种畅销书、自媒体都在大力吹捧时间管理，但时间管理的本质，并不是凭空变出更多的时间，而是让我们更精细、更严苛地分割生命时间。

社会学家鲍曼认为，我们现在所处的社会是"液态的"（liquid），是一个流动的世界。在这个社会里，没有什么东西是一成不变的，一切都处于不确定性中。

于是时间管理这种一板一眼的东西，就显得有点儿鸡肋了。研究发现，我们通常给自己立的目标都大大低估了真实需要的时间。

有时候真不是你不行，而是计划赶不上变化的情况变多了。

据美国一项针对 2000 名员工的调查显示：一个员工在一个工作日里，能够集中精力高效工作的时间平均只有 2 小时 53 分钟。

对于大多数人来说，其实再怎么进行时间管理，每天能够节省出来的时间也不会和上面相差太多。相比管理时间，其实状态的提升和维持更有意义。

毕竟时间就是时间，它自己走自己的，怎么能管理呢？你只能选择管好你自己。

所以，我们不应该去管理时间，而应该去管理我们的精力。精力才是决定你在单位时间里的产出和利用率的关键因素。

在精力最好的时间做最重要的工作，多做一点儿。精力不好时，意思意思就行，不强求自己按计划完成。

这个比例我建议是 5 : 2，不用细化时间段，视精力情况安排这个比例怎么分配就行。

状态一般时，就平均到分钟，学习 50 分钟休息 20 分钟。

状态好的时候，就平均到小时，直接连续学习五个小时，再休息两小时。或者每个月总有那么几天烦的时候，就干脆直接休息两天，之后好好学习五天。

我们的双休日也是这么设置的，工作了五天，周末就好好休息两天，5 : 2 是很科学的精力管理比例。

别天天都休息就行，那就不是精力管理了，是懒。

总结一下，"晨间 21 分钟基调时区"之所以能够帮你戒掉间歇性堕落，是因为你能在你一天精力槽最佳的 21 分钟，将明日预设中的创造性工作完成，奠定好一整天的工作基调，从而达到"心态—状态"上的双赢。

03

最后，也想给你灌输一下鸡汤，放大时间尺度很重要。

因为在足够长的时间尺度下，对你来说的"间歇性堕落"，都可以视为"短途休息"。

我上高中时班里成绩最好的不是那些一直在埋头苦学的学霸，而是那些课间会出去打篮球、看小说的同学。

我之前跑马拉松的时候，跑两公里累了，就走一公里，也总能在规定时间内跑到终点。

要想达到理想一定是一个长期的过程，当你意识到你需要一年、两年的时间去慢慢完成它，就不会因为当下几个小时的颓废而责怪自己。

你无须为自己的堕落而后悔，也不需要有负罪感，因为你牺牲了一小部分的时间，却获得了更好的精神状态，在之后的学习中更高效、更专注。

这是相当划算的一笔生意。

你要原谅自己的"堕落"，要允许自己不完美，允许自己慢一点儿。

我在一家互联网公司做产品升级，事关公司核心竞争力，每天压力都比较大。但有一天老板突然对我说："你对自己每天的要求都太高了，我希望你能把它放低一点儿。"

我当时很无语："老板不都是希望下属卖命的吗，怎么你还让我放低对自己的要求？"

他说：

因为作用不大——

我的理想是在未来把公司做成伟大的公司。

我今天上班堵车不小心迟到了20分钟，但它会影响我未来把公司做成伟大的公司吗？我觉得不会。因为这不是我故意的，我的态度始终是认真的，之后我也会再抽时间弥补这部分失误带来的损失，但一般来说并不会太多。

我的老板也是个对自己要求很高的人，但他没有要求自己每时每刻都要做到最好。细节决定成败固然有道理，但从另一角度来说，成大事者也不拘小节。

真正影响你实现目标的，并非当下节奏被打乱时耽误的那点儿进度，而是被打乱节奏后你的心态，影响了你原本专注的状态。

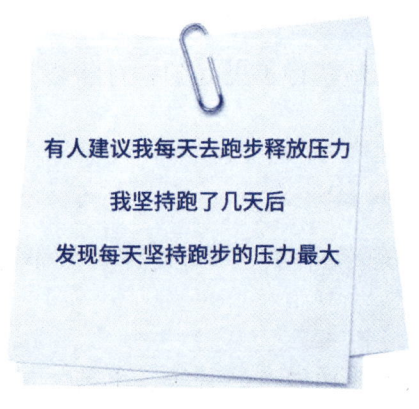

图 2-19　坚持的压力

总之就是，不要把自己当成一根火柴棍，要把自己当成一根橡皮筋，"弹性"很重要。

要赋予自己一份弹性，今天状态好，就多做一点儿，今天睡过了头，就多休息一会儿。这并不是堕落，只是一种弹性。

==对计划保留一份弹性才能让人得以放松和喘息，不至于崩溃在每天的变数之中。==

毕竟，人不是机器，人会出错也会脆弱，那些每天为自己安排得满满当当的日程表看似充实，那些因为高强度学习带来的崩溃看似悲壮，但都是不合理规划、不珍惜自己的体现。

==人需要休息，人更需要原谅自己，允许自己偶尔懒惰。==

若你认为自己一个月内就必须脱胎换骨地改变，那你可能连睡觉都会觉得有负罪感……

我之前健身学到了一个概念叫"欺骗日"（Cheat Day），是说坚持运动和饮食控制的人群通常每周选择一餐正常饮食，随便吃你自己想吃的东西。

虽然可能会小小地反弹一两斤，但从减脂三个月的周期来看，这一两斤微不足道，而且恢复健身后又会很快消失。

但重要的是，如果没有欺骗日，大多数人连三个月都坚持不到。

身体和精神都一样，我们可以送自己一个看似是"堕落"的欺骗日，但你要清楚，这是为了让自己走得更远。

快速地得到想要的东西是一个诅咒，缓慢地得到想要的东西是一种恩赐。希望你的间歇性堕落，都是为了你的持续性努力。

堕落的权利

快速地得到想要的东西是一个诅咒，
缓慢地得到想要的东西是一种恩赐。

第 3 章
CHAPTER 3

击破认知冰山下的惯性：
　　扭转错误的固态认知

　　思维的武器想有用武之地，需要配上认知的全新蜕变，在这里我将会带你逐步驱逐掉你曾经错误的固态认知，让你看到更加真实的鲜活世界。

　　这一部分可能是反常识的、颠覆价值观的，却也可能攻破你一直以来的无解之谜。

　　包括: 为什么自己越学习会越退步，如何摆脱初学迷茫，为什么学到的东西都中看不中用，拖延、爱幻想和不自律该怎么办，还有什么都会一点但都不精通的诅咒等。

认知球面的诅咒：
越学越退步的破解法

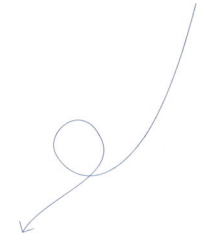

"退步感"是我们在颓废、堕落、停滞状态时常有的一种感受。

但是，除了这些负面状态中所感受到的退步，还存在另一种出现在正面状态中的退步感，比如你一直在输入，一直在复盘，一直在思考，但学的东西越多，反而越觉得自己在退步。比如：

报了很多课，看了很多书，但现实中还是屡屡碰壁，遭遇各种瓶颈。

考上大学乃至考研出国，懂得越来越多，但仍然感觉自己一无所长。

哪怕什么坏事都没有发生，也会越来越焦虑，不快乐。

遇人无数，却越来越不爱说话，越来越难向别人表达自己的想法。

这并不是一个小概率事件，许多初入职场 1～3 年的人对退步的感受会异常明显，即使自己一直在暴风输入，一直在积累经验——在抽象层面，你的知识或经验一直在进步，但在现实状态层面，居然看似退步得更多。

这听上去很反直觉——越努力，懂得越多，反而越是感觉在退步。

许多"过来人"，尤其是某些成长鸡汤号都在过度渲染上进心和进取心，他们只会教你怎么努力上进，告诉你只有进步的状态才是最好的，而退步这件事从来不被理解，也不被接受。若你经历了这种"努力却退步"的怪圈，也会被简单粗暴地归结为"那是你还不够努力，懂得太少而想得太多"。

在这一篇，我想和你聊聊"退步"这件事。或许读完，你不仅会坦然地接受、原谅自己的退步，甚至会"渴望"退步。

01

首先，其实进步和退步，是同时在发生的。

我们的入学标语是"好好学习，天天向上"，于是无形之中，我们把读书学习和进步画上了等号，认为只要在学习和在读书，就是在进步。

而现实也很配合，在高度标准化的制度里，在相同的校园环境中，对学生而言，只有努力是变量。在一群同样起跑点的同学中，你学习越认真，自然就考得越好。

于是，"学习＝进步"的观念被不断证实，这个观念被深深植入你的脑海里。但是，有一天，你会突然发现：自己学了很多，非但没进步，反倒还退步了。

比如上大学后你会有的困惑：我学习明明已经很努力了啊，为什么考得还不如那些上课睡觉下课约会的同学？

毕业工作后你也可能会百思不得其解：空闲时间我都拿去进行知识付费，为了好好完成工作更是加班加点，但为什么业绩还是不尽如人意？

这是反常识的，可能你一开始会恐惧，不能接受"努力却退步"的这个事实。而"学习＝进步"的观念根深蒂固，于是你只会觉得，问题出在自己身上。

"是我还不够努力吗？"

"是我智商有问题吗？"

"是我能力不行，方法不对吗？"

你会开始怀疑自己，质疑自己的天赋和努力。迷茫之中，就可能被各类"知识贩子"贩卖的焦虑割了韭菜。比如2019年下半年的量子波动速读骗局，那时某教育机构组织7～16岁的中学生进行量子波动速读的培训和比赛，号称"1分钟可以看完10万字的书"，"闭着眼睛就能和书发生感应"，"不需要翻开书本就能理解书中内容"……

但从现在起你应该有这么一个认知——不要再为自己的"退步"感到焦虑。因为"进步"与"退步"，从来就不是非此即彼的关系，它们自始至终，都在独立发生，相互依存。

长期的单向思维使我们将注意力只聚焦于前者，而忽视了后者。

我们过度关注自己青年时飞速的成长进度，而忽略了那些在退步的部分。成年后，我们有了更全局的视角和全面审视自己的机会，才发现自己好像有了更多"在退步"的地方。

其实进步与退步的关系，就像发育和衰老一样。我们以为30岁之后才开始慢慢老去，但其实，从出生起衰老与发育就在同步发生，每一刻都有旧的细胞死亡，又有新的细胞诞生。

孩童到青少年时期，个体发育的变化相当显眼，从而掩盖了衰老的痕迹。直到年龄渐长，细胞新生的速度慢慢低于死亡的速度，新陈代谢逐渐滞后，于是人看着才开始老去。但衰老和发育仍然是同时发生的，只是不同时期的速度不同而已。

放在进步和退步上，也一样。

> 当你为自己在新环境中交到了新朋友而开心时，你其实也在和曾经的老朋友一个个淡去联系。
> 当你进入社会开始学习应用型专业技能，人际交往、人情往来时，你在学校里学的那些理论层面的知识也在慢慢被遗忘。

当你在进步的时候，同时也会在某方面退步。当你在退步的时候，另一方面也一直在进步。只是最后呈现出的状态，是看你进步的步子跨得大一点儿，还是退步的步子跨得大一点儿而已。

就像红桃皇后这句很经典的台词：

> 你必须要努力奔跑，才能一直留在原地。
> ——《爱丽丝梦游仙境》

02

进步和退步是同时发生的,那又如何?放心,我没有回避最重要的问题——为什么懂得越多,反而越感觉自己在退步?

科普作家李少加提出过一个关于大脑学习的"认知模型",这里画个图再给大家还原一下:

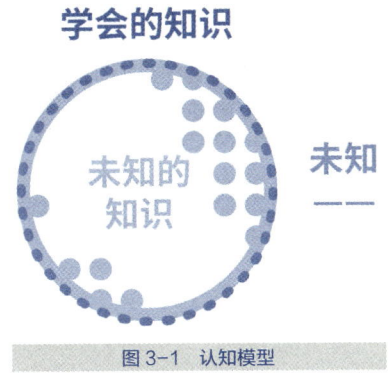

图 3-1 认知模型

注意!这是一个立体的球,不是一个平面的圆。其中,蓝色的虚线,就是球的表面积,代表"我们学会的知识"。而实线是球的体积,球的体积代表什么?它代表我们"未知的知识",是我们能意识到的无知。

也就是说,我们所学会的知识是一个球壳而已,而我们的无知,却是球内部那个广大的空心区域。这便会导致一个很惊奇的事实:光是我们能意识到的自己的无知,就总会多于我们的已知。

看似不可思议,其实这也在情理之中。因为在我们刚学会一样东西的时候,仅仅是找到了敲开这个领域的一块入门砖,入门学科抛来的一根橄榄枝,而之后席卷而来的将会是海量的复杂知识网络,牵一发而动全身。

就像我当初也以为学画画只用买一盒颜料、几支铅笔和一个本子，之后却发现想画出更好的光影和细节，还需要好多东西，于是又买了留白液、勾线笔、水彩笔、彩铅、水彩本……

而学个简简单单的数学函数时，也没想到它居然不是仅仅用来算个不规则面积的。若你成为一个化学家，你会发现你还需要用数学来搭配上千的方程式。若你成为一个物理学家，你甚至必须用数学作为底子，去推断宇宙运行的更复杂的公式。

所以越是真正博学有内涵的人，越肯谦虚地承认自己的不足。那并不是一种作秀，而是因为他们深刻感觉到了：懂得越多，越觉得自己无知。

> 我唯一知道的就是我自己的无知。
> ——苏格拉底

利用初中数学的公式也不难看出来：无知的增长速度总是大于已知的。

球表面积公式：$S=4\pi R^2$

球的体积公式：$V=\frac{4}{3}\pi R^3$

假设我们学到了半径为 2 的知识，那我们的已知 S 将会是 $50.26m^2$，而无知 V 则是 $33.51m^3$。若是我们学到了半径为 10 的知识，我们的已知 S 将会是 $1256.64m^2$，是原来的 25 倍，而无知 V 则会达到惊人的 $4188.79m^3$，是原来的 125 倍，远远超过已知 S 的增长。继续代入 100、1000，数字将会更加惊人。

这就能直观地解释我们在学习一样新东西时感受到的"退步"是怎么回事：当你进步了一点点的时候，往往会看到自己更多的"无知"。

已知的那点儿东西无法弥补更快增长的无知，而你此时的能力，还无法覆盖你所意识到的"无知"带来的困惑和影响，你无法靠当下状态的资源和能力解决它们，这便会产生一种在认知和心态上的割裂感，所以你才会感觉自己在退步，而且越来越退步。

许多作家、艺术家和其他各行业专家，越到后期便越沉默寡言，倾向于沉思和自省，将表达的资源逐渐内向引导为思考、复盘和想象……

我之前认识的许多创作者，包括我之前也是个说话很直爽的人，想到什么便说什么。但看书多了点儿，写作久了点儿以后，我发现自己说话居然越来越心虚，甚至用思考代替了说话，变得越来越沉默。再看其他同期创作者，大致都有一样的转变。

因为我无法像以前那样，把一些曾经视为"理所当然"的想法不过脑子地说出来了。而以我当时的知识水平，又不能想出一个更加完美无缺的表达方式，不能"我行我上"，所以就变得谦虚谨慎了许多。

"退步感"只不过是知识增长的过程中一个再正常不过的现象。有时候你所感受到的相对退步，恰恰是你在进步的体现。

开个小灶，你可能注意到球外面还有一个大写的"未知"：

这个未知是什么呢？如果说球体内的未知，是我们能够意识到自己的未知，那这个球体外的未知，就是我们想象不到的无知。它属于一个无限大的、神秘的区域。

> 无知的热心，犹如在黑暗中远征。
> ——雨果

所以无须和自己的无知较劲，因为你永远不可能弥补它。你所能做的，就是坦然地接受自己在进步路上的"无知"，甚至主动探索和感受自己越来越多的"无知"。

03

当明白了"无知的增长速度总是大于已知"时，你就可以接受：当你进步的时候，也必将感觉退步。

或许你突然就可以理解尼采说的这句话了：

> 未来对现在的影响，一如过去对现在的影响。
> ——尼采

你的进步，是相对过去的自己而言的。而你的退步，却是相对未来的自己而言的。我们需要把视角转向过去至现在的成长，而不是用无法把控的未来鄙夷当下的自己。因为除了不学无术之人，没有人能够比得过未来的自己，未来的自己一定是更厉害、更强大的。

所以，我们必须承认并接受自己的退步。或者说，为了让自己更好地进步，你就必须容忍退步。

现在几乎所有的成长营销号、畅销书作家、知识付费大V（身份获认证的微博意见领袖）都在不停地鼓吹进步至上论，制造焦虑，打鸡血灌鸡汤，一刻也不愿意让你接受自己的无知，不允许你停止输入的步伐。

鲜有人会告诉你，退步也是必须的。感受必要的退步更是一条必经之路。

但仍然有许多被误导之人，为了逃避这种"退步"的感觉，开始疯狂地进行知识付费，不停地刷资讯类App，买一堆书囤着，只是为了享受那种在不停输入的，看似在"进步"的感觉。

这是没有意义的。因为每个蜕变式的进步，必将伴随着痛苦的"退步感"，瓶颈期是升级必备的路障。就像每个作家都必须要经历一段什么都写不出来的日子，电脑每更新或升级一次内容都需要关机重启，每个涅槃重生的人，也都必将经历一段至暗时光。

我大学时开始写作，平均每3个月就会陷入一次灵感瓶颈期。

我的师父告诉我，瓶颈期不要做任何输出的动作，出去旅游，或静下心看书看电影，不要写哪怕一个字。

于是，每写作3个月，我都会腾出一周去旅行或看电影。在身体得到放松，精神也得到了新的填充物后，我的写作状态也更加饱满了。

在短时间来看，似乎退步总像是"滞后"或"逃避"后的结果，但长期来看，退步恰恰是"以退为进"策略的一个前置步骤。

或许你可以这样理解：

我们达成目标的路径，并非一条直线，而是一个圆。我们处于这个圆上的某一点，希望到达圆内的另一点。

当无法朝着一个方向直线前进的时候，我们完全可以转个身，退后几步，从另一个方向跨越障碍，到达目的地。

04

若是你在求学之路上走得远一些，你便会发现知识是会"反噬"个人情感的。

更多的人喜欢把这称作"知识的诅咒"（The Curse of Knowledge），这是《让创意更有黏性》这本书所提出的概念：我们一旦知道某事，就无法想象不知道这事的情况发生的原因。当你懂得一个知识久了，你就会慢慢无法想象没有这个知识的世界是什么样子的，进而会以自己新的信息观代入他人，影响他人。

之后便会联想到《了不起的盖茨比》中那句名言：

> 每逢你想要批评任何人的时候，你就记住，这个世界上所有的人，并不是个个都有过你拥有的那些优越条件。

而这个事说好也好，说坏也坏。

任何事情都有正反面，你在享受知识提供给你的便利时，也免不了承担知识带来的反噬——你会逐渐意识到你之前未曾注意过的事物和现象的好处和坏处，从而变得越发理性，一举一动都似被知识奴役了一般向着看似"没毛病"的那一方行进。但看似理性的选择，并不意味着对自己好的选择。

我非常喜欢喝奶茶，但考了营养师之后，我知道奶茶里会有可怕的反式脂肪酸，一杯奶茶的热量相当于五碗米饭，从此喝奶茶再也不那么幸福了，它不"香"了。

我奶奶十年前很是相信玛雅预言，相信 2012 年末日到来，每天都把日子当成倒数的来过，看见什么坏新闻就说"是末日来了"，也没心情出去遛弯儿和打羽毛球了。

知识让我们拥有了"预测未来"的能力，却也剥夺了我们"活在当下"的能力。

越是长大，就越难再像小时候那样单纯地交朋友，而会想他未来是否能给自己带来价值，为人逐渐变得功利。

学得越多，就越难再乐在其中，而会越来越在意学这个东西有没有用，考试考不考，变得短视。

但，知识也不可能是完全准确的、万无一失的。再严谨的知识也不过是"待证伪的理论"，学术界尚在不断被推翻和继续不断假设，更何况我们所理解的那些表面知识。

后来我知道，现在许多奶茶店都用零反式脂肪酸的奶茶粉，而末日也并没有来临。但我整整两个月没喝奶茶，我奶奶更是在家待着闲得发慌就找人吵架。

但我们都受到了知识的反噬，知识奴役了我们当下感知快乐的能力。

所以人们为了这种"不确定的知识"所付出的代价，也很难说到底是进步了，还是退步了。但没办法，科学需要不断地推翻过往，学习就是不断地怀疑人生，这也都是必经的过程。

若是你明白了知识的"反噬"所带给你的退步，或许你会想要更好地享受当下。

05

无论如何，要允许自己"退步"。

进步的好处实在是太明显了，以至于人们都在疯狂鼓吹，不仅不接纳退步，甚至还把它作为无用功的象征，批判又践踏。

但我们忘了，世界上根本不存在能够一直前行，而不用休息和归返的事物。

最后借用科普作家李少加的这段话结尾：

> 水是生命之源，喝水的好处众所周知，但哪怕是生命之源，喝过多也会水中毒。
> 你不能想要追求光明，又不愿看到影子。
> 求知同样如此。
> 当你想要向前迈进一步时，请为退步保留必要的空间。

知识是会"反噬"的

无知的增长速度总大于已知，
进步必将感觉更多的退步。

02 质与量的纠缠：
摆脱初学迷茫的哲学公式

当你开始学习一样新东西的时候，你是会先求多，还是先求好？

先求多，不管三七二十一瞎做几遍，试试水再说；先求好，一旦下决心就全力准备，认真做到最好。换句话说就是：重量不重质还是重质不重量？

我相信很多人的答案都是：重质，先做好万全的准备才能去做。

应试教育总是反复跟我们强调：五年高考三年模拟，上考场之前一定要刷够几百套题，做好长期的学习积累。而中国许多古代谚语也说明了对"质"的重要性：磨刀不误砍柴工；台上一分钟，台下十年功。

于是我们轻易形成了固有认知："人不打无准备之仗；没准备万全之前就别上。"而在这种看似天衣无缝的思维下，带来的却很可能是拖延、停滞，甚至始终都因为

"准备不好"的借口无法开始。

对于容错率极低的一次性任务，比如高考、竞选演讲、舞台表演，的确需要万无一失的准备才能呈现出完美的瞬间，但对于一些长期的任务，比如学习一样新技能，培养一个新习惯，我对此的观点是：

一定要先求多，先重量不重质。

别急着反驳，我知道质很重要，甚至是最核心的。但别着急，这是我们后半段会讲到的议题。

举个例子，我大学时很喜欢画画，但我没有基础。刚开始自学画画的那阵子，我每天都逼自己画一幅画，哪怕每次都画得十分辣眼睛，每次比例都乱七八糟，我也会告诉自己："无论画成什么样，今天也得画一幅。"每次放假我带着我画的那一堆垃圾回家，我妈看完都忍不住摇头说后悔小时候没给我报个兴趣班。

这段先往后放，我们回到主题，你一定学过这句话：量变产生质变。

这句话是一个必考点，每个人都背得滚瓜烂熟。甚至许多历史事件的发生，都离不开这个规律。

但在生活中，大家都选择性遗忘了这句话的内涵。

受到媒体影响，我们看过太多的"人生多面赢家"。这些人的故事给了我们一种错觉——成功的人总是在每一方面都完美，事业家庭可以两手抓，私人生活和职场生涯都无比顺畅。

于是我们也以完美主义要求自己，努力将自己改造成流水线上最优质的罐头，让自己符合社会评价体系，符合展示案例的光彩。

在刚开始学习时，我们会预期自己要交出一个不错的答卷，于是把太多的时间投入到了准备和期待之中。学技能是这样，人际交往也是这样，我们希望第一次就拿出个不错的作品，遇到个足够好的人，结果很快被现实打击得心灰意冷。

你需要明白，刚开始学习或接触新东西时的你，仅仅处在"量变"的阶段，在这个阶段，你只需关注量，而无须求质。

因为，先有量变才能产生质变。

02

许多人无法坚持学习，往往就是在应该积累量变的时候，直接跳过去，关注现阶段所控制不了的质变。

有一位平平无奇的29岁的男人，决心要做一个职业小说家。

当然，刚立这个目标的时候，他是个零基础的小白。但他立即就为自己的生活设定了雷打不动的写稿模式。

每天凌晨四点左右起床，不用闹钟，因为养成了良好的生物钟，到点了就从床上弹起。冲咖啡，吃点心，不刷脸书、不剪指甲、不补回笼觉，也不思考人生，立即开始写。

写多久？五六个小时，写到上午十点为止。写多少字？每天写两屏半（Mac电脑），换算成出版物，就是每天写十页，每页四百字，差不多四千字。写了八页实在写不下去怎么办？逼自己写满十页，像刀架在脖子上那样。无论写得有多烂。

就这样，他坚持了整整三十年。

最后，他成为职业小说家了吗？

我想你已经猜到他是谁了，那我再加一个更确定的条件：他还每天都坚持跑步。

> 天黑了就不工作。早晨起来写小说和跑步，下午两点左右结束，接着就随心所欲。

没错，他就是村上春树。

非职业的人，觉得写作是个吃灵感的活儿，老天爷赏饭吃了，有灵感了就能文思泉涌，啥时候没有灵感就废了，什么都写不出来。

但职业的人，从来不把灵感看作写作核心的一部分。《圆桌派》的梁文道就说过，写东西那么多年，很多人都会问：你灵感怎么办？但如果你是职业的，你还讲灵感，那么你就完蛋了，职业的人是没有资格讲灵感的。这句话的意思是：就算今天没有状态，也必须得写，因为"写"这件事，是唯一能靠自己控制的。

在任何领域想要从零开始并成为专家，都是这么个逻辑：没有条件，创造条件也要上。而你唯一能靠自己创造的条件，就是积累"量"。

03

许多人建立在完美主义上的认知误区，就是总爱将自己当成一个"老手"而非"初学者"。无论是学习新东西时，还是初入社会、业务不熟练时，他们都常常忘了自己只是个初学者。

若是切换到初学者视角，你便会发现数量才是现在的你唯一能控制的，质量并不是，你必须拿捏好能控制和不能控制的区间。

所以每当你感受到挫败时，都可以反思一下：我是不是太看得起自己，以至过早把自己放到了"求质不求量"的阶段？对现在这个连量变都尚未积累足够的我，是否要求过高了？

与之相对的，你作为一个初学者的思考方向应该是，先尽量多做，做不好时，你只需要告诉自己："现在的我只求多，不求好。"

国家博物馆讲解员河森堡曾有过一个感悟：人要想做好一件事，往往需要分两步，第一步是让自己处于可以把事做好的状态，第二步才是把事情做好。

他在博物馆给人讲解时就有切身体会，如果一周之内每天都讲，连续讲两周，嘴皮子就会特别利索，第一句话刚说出口，第三句话在脑中已经准备好了。一个词在脑中往往有若干个同义词备选方案，一边说前边的，一边在所有措辞方案中选出最恰当的，表达得既流畅又精准。

但如果他两个星期不做这种高强度的讲解，就能清晰地感觉到自己的表达能力迟钝了，说话开始颠三倒四，有的词汇在嘴边绕圈，可就是抓不着。

还有一些职业作家，每天都会写几百上千字的内容，其实写出来的东西并不差，但他们不会给任何人看，写完之后关闭文件不保存就上床睡觉了。他们不为写给别人看，仅仅为自己而写。

因为他们要的就是保持那种写作的感觉，脑内和写作相关的神经回路得通过一些刻意练习巩固与重温，要不就容易迟钝。

而仔细观察，体育、艺术、科研、社交等领域都是这样，那些真正惊人的成就和突破，往往是在一种积累之后的、良好状态的惯性之上实现的。有时候表面状似没有进步，波澜不惊，但浮冰之下，却始终在为了产生那个质变的结果而不断积累。

所以无论干什么，都先别想着做出成绩来，应该先想如何让自己处于那种容易做出成绩的状态里并稳住，指不定哪天突然顿悟或者突破瓶颈，就能做出成绩。

再回到我画画的事，我画了很多的垃圾，但没有画很久的垃圾，没到一年我就能画出像样的作品了，甚至还接到了单子。到现在，许多艺术生都看不出来我是没有专业基础的业余爱好者。

而我之所以能心平气和地度过这个垃圾期，都是因为我在不断地纠正自己的完美主义惯性："没关系，我现在在量变期，先画就好，不用关注画得怎么样。"

过早地求质，只能让自己有一种"为什么我怎么都做不好"的挫败感。但如果先求量，你可以通过不断地做，不断地看见自己的进步，进而获得坚持积累的自信。

04

所以，写作是这样。

很多知名作家都是这么过来的，在刚开始，只需要不停地写，无论你在想的是什么，第一步，先写下来。因为好文章都不是写出来的，而是改出来的。而不断地修改的前提，就是有东西可改。只有先把自己杂乱的思想写下和整理出来，才有可能在百八十篇后改出优质的作品。

比如，雨果写《巴黎圣母院》这本世界名著时，只用了六个月。

因为编辑一直在催稿，他只能硬赶着写。重点不是拖延症，而是，到底得有多可怕的积累才能在六个月写出一本世界名著？

人际交往也是这样。

你不能奢求在一开始就遇到一个质量很高的soulmate（灵魂伴侣），且不论这是概率多小的随机事件，就算遇上了，如此完美的他也未必看得上你。你们需要相处，需要磨合，需要时间的积累，才能互相影响对方，互相塑造成最适合彼此的样子。

我们当然可以一开始就追求质，但比较残酷的是，想在一开始就做出不错的成绩，是和天赋、灵感有关的。这有许多先天因素，并不是我们可以自主控制的。本来天赋、灵感这种可遇不可求的事就是不靠谱的，看似等待时机才是唯一的办法，但谁知道你是不是已经等到了许多次，却又因为自己的量变不够而错过了？

在等待的这段时间，我们唯一可以控制的是量，是时间和频率，是自己的手。或许一开始我们都没有灵感和天赋，但我们可以自由选择要不要做，以及做多少。

本质来说，等待并不是一个静态的、守株待兔的过程。不断地实践，去积累，才是一种正确的等待方式。

第一求量，第二求质。

可能有人会说你这样是无意义的重复，是没有营养的机械性动作。这里借用知乎大V白诗诗说过的一句话，很是简单粗暴：

重质不重量不是你在修炼时说的话，因为你还没有这个资格！

05

不过，哪怕是为了量的积累，也不能一直去做一些没有意义的机械性的输出和学习。

每个人的学生时代都会遇到一个"笔记高手"，就是那种听课笔记做得非常漂亮，错题本抄得非常认真的模范同学，往往每次期末考学渣们都必找他借复习笔记。但是最后成绩单出来，这部分同学往往不是成绩最好的。

他们的笔记记得最多最全最好看，实验报告字抄得比谁都多，也比谁都注重"量"，但为什么，他们的量变没有产生质变呢？

这是因为他们的"量"，并没有形成积累。

量变到达质变，是在一个精准的领域，积累到一个爆发点后才能产生的结果。

他们或许记笔记非常认真，写了许多字，但只抄书本上的知识点是没有用的。复习的目的是考试，最重要的是做对题，会套用公式计算，摸清楚出题的套路。至于抄在本子上的字迹是不是美观，排列是不是工整，对于解题能力的提升不会有一点儿影响。

所以在记笔记这件事上的"量"，并不能反映到学习能力上。

读书也是，读100本、200本书的人就一定变博学了吗？不一定，要看他读的是什么书，以及读书的时候的有效阅读时间和阅读效率。

经常被拿来灌成长鸡汤的一万小时定律，在后期也被质疑有伪概念之嫌。心理学家艾利克森（Ericsson）的研究发现：决定伟大水平和一般水平的关键因素，既不是天赋，也不是时间，而是刻意练习的程度，即我们在"超强学习力炼成术"那一节中提到的"正确的刻意练习"。

有的人练习了十年书法，但是大部分时间都在无意识地重复无效练习，真正刻意练习的时间可能100小时都不到。有的人只学了两年书法，但是每天会花费大量额外时间做正确的刻意练习，不断挑战自己完成任务水准的极限，真正有效的积累时间可能会有1000小时。

在一万个小时里，我们无法量化每个人在看似努力学习的动作中真正学进去了多少，又把多少知识化为自己的积累。

积累不够，何谈质变。

所以为了达成"量变产生质变"的效果，你真正该做的是：

1. 找准自己想要达到质变的那个领域，千万别找偏了定位。

你是不是错把噪声看成了价值，进行了一些毫无意义的积累？

看100本霸道总裁你会变成玛丽苏恋爱脑，但看100本博物杂志你就会变成行走的图书馆。

2. 在这个领域大量地输出，但不能只做动作，而是要去思考和内化，形成积累。

你在做的过程中有没有思考内化，反刍上一次的经验？你是在做重复性动作还是在进行积累？

抄100本笔记你会变成打字机，但刷100套题你就会变成学霸。

06

最后的总结：

1. 不要过早地把自己放到"求质不求量"的阶段，做得好不好那是下一个阶段该考虑的事。

2. 在学习初期，我们唯一能够控制的就是量，所以第一求量，第二再求质。

3. 只有动作的量变是不够的，能够产生"积累"的量变才有意义。

并且要在刚开始的时候，坦然接受自己的笨拙。

许多人在一开始都做得不够熟练，会质疑自己的能力，会怀疑自己到底是否适合。但没关系，你此刻的怀疑是下一个阶段才需要担心的事，在刚开始，你只需要安心地积累，带着平常心一遍又一遍地做。

要知道，你并不是在做无用功，你只是在一边做，一边等待，等待量变到质变的那个爆发点。重要的是，你要尽快开始这个过程，尽快接受这个过程，最后才能尽快度过这个过程。

量变产生质变？

"重质不重量不是你在修炼时说的话，
因为你还没有这个资格！"

03

摆脱"行为艺术"式学习：
重构专注力和意志力

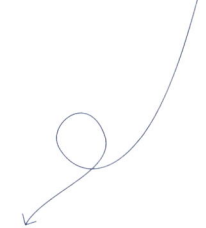

许多人从小到大，听得最多的话就是："怎么又在玩？还不快去学习！"

当代"熊孩子"也花招百出，把语文书的封皮拆了包在小说上佯装阅读，或者在面前摊一本数学习题，有这种仪式感护身，哪怕发一个小时呆都不翻一页书也不会被说。

所以很多孩子养成了一种思维上的条件反射——"不管学的是什么，学得有多慢，只要看着是在学习就不会被说。"

"学习"不知不觉成为一种"存在即合理"的代言。

而这种学习模式也逐渐衍生出了一种跑偏了的风气，我把它叫作："行为艺术学习法"。

> "行为艺术学习法"：指出于刻意对监督者展示的目的，在特定时间和地点，由个人或群体"假装在学习/沉思"的行为所构成的一种学习流派，一般归为表演艺术。但此学习法正逐渐影响到实施者的认知。

01

有人私信问我："柴桑，你每天都花多少时间学习呢？我也想好好提高自己的学习效率，多学些知识。"但我很不好意思地告诉他，我每天真正学习的时间只有两个小时。

这是多数学习者会有的学习认知误区，即认为学习效率与学习时间有着第一关联性，这也是行为艺术学习法带来的潜移默化的影响。"学习效率"，其实是很难用"学习时间"这一单一维度来回答的。《刻意练习》的作者艾利克森在书中强调过：并无一个确定的时间门槛能让人成为大师。

因为，学习效率的高低与否并不是时间管理的问题，而是认知效率的问题。

> 认知效率：认知收益和时间精力之比，认知效率越高，学习效果越好。

同样的认知资源投入，不同的人会有完全不同的效果，它代表了你在学习时吸收与内化知识的效率。一个认知效率高的人和一个认知效率低的人，同样在三天内看完同一本书，认知效率高的人能够汲取到的知识和感受一定是比认知效率低的人多得多的。

有人阅读是全神贯注，有人则是走马观花，说白了，这也就是"高水平的勤奋"和"低水平的作秀"的区别。

从这个角度来看，哪怕是前面讲到的"一万小时定律"，脱开认知效率高的前提来看也相当不靠谱。

所谓认知效率，其实就是"看你在单位时间里对某件事物所投入的注意力资源"。

时间只顾不停留地滚滚向前，我们唯一能够管理的只有自己的注意力。那么能不能将你的注意力投入到书本，把认知资源集中到对内容的思考中，才是决定你学习效果的关键。

衡量学习效果看的并不是你的时间投入，而是认知资源投入。

举个例子：

我大学三个室友都考研，每天早上六点半准时起床相约图书馆，同频去食堂，晚上十点回寝室，但最后只有一个考上了。

按理说他们仁的学习时间是完全重合的，但有一次我去图书馆还书，看见他们面前都摊了四五本书，一个苦着脸在做题，一个在玩手机，还有一个趴在书上睡觉……

这就是行为艺术学习法的弊端。

它让人养成了一种思维惯性，一种"只要我在学，哪怕只是看着在学，就不算是不务正业"的错误认知。

看着那些常年霸占图书馆靠窗的 VIP 位，还只会玩手机的行为艺术学习家，你是不是也很想"替天行道"？

有一个提升认知资源的简单可行性方法，古典也曾在《跃迁》

中提到：

在知识匮乏，非终身学习的年代，学肯定比不学好。但是在今天知识爆炸、终身学习的时代，"为什么（Why）、学什么（What）、怎么学（How）"，比"学就好了（Do）"更重要。

认知心理学认为，成人学习有三个前提要求时，效率最高，即有目标导向、即时反馈和最近发展区。简单来说，就是学习能够解决你当下问题的，学了就有用的，和对现在的你而言不算太难的知识最有效。

以问题为中心的学习效果也很不错，许多思维专家都认为，带着问题去学习，本身就是一种提高认知资源的方式。这代表你所检索到的每行内容都会刻意为你的问题服务，结合你的过往经验推出新答案，并减少无用知识的摄入。

但如果错把学习行为和学习场景的代入看成了学习本身，那你的学习只能称为一种行为艺术。

行为艺术学习法还会给大脑造成一点儿其他的副作用。

02 "知道"的幻觉

在《知识的错觉》一书中，作者史蒂文斯·洛曼提到了一个概念："解释性深度错觉（ioED）"。

> 解释性深度错觉（ioED）是指，日常生活中我们往往会高估自己的知识量，自以为掌握了许多常识，但实际上，我们真正知道的、懂得的、了解的，可能远远低于自己的想象。

举个例子，你肯定知道自行车长什么样吧？哪怕你不会骑，也肯定在路边见过很多次了。

那么，现在给你这张图：

图3-2　自行车简图

这是一幅缺失链条结构的自行车简图，你能不能把完整的自行车部件画出来，让它能发挥正常的自行车功能？读到这里，你可以先用5分钟时间去试着画一下。

这是利物浦大学心理学家罗森在课上做的一个实验。结果将近一半的学生，都无法准确地补全图片。

他们凭借自己的日常记忆画出来的大概是这样：

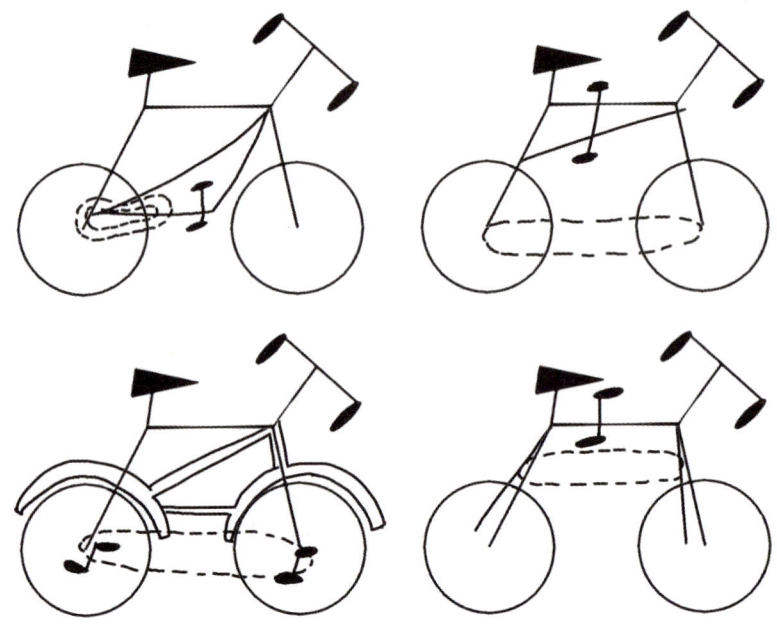

图 3-3 部分画法示例

而行为艺术学习法所造成的错觉也是同样的原理，比如：把自己往图书馆一塞，书往面前一摊，这样的仪式感一出，就感觉知识已经自动进入脑子了。

而且这个错觉的成因也很简单，因为自行车的样子属于"情景记忆"，非常好记。而自行车的零件构造则属于"细节记忆"，对于机械零件所构成的复杂信息，大脑需要经过思考深度加工后才能记住，记忆的难度会更大。

且大脑总是倾向于记住不消耗认知资源的内容，所以对大脑来说，只用接触大量的"情景记忆"，就会产生"我对它已经足够熟悉了"的错觉，以此掩盖我们的真实认知水平。

这也是许多人会将"去图书馆"或者"买书/浏览书"的行为等

同于"在学习"的原因。

很多时候我们并不是真正"懂得"一件事物，我们只是"熟悉"它而已。

03 记忆耗能

有一种叫作"蝜蝂"的小虫子，爬行时不管遇到什么破烂东西，总爱往背上背，蝜蝂背部非常粗糙，东西堆积在上面散落不了，所以会背得越来越高越来越重，偏偏这种小虫子还喜欢往高处爬，边爬边背，直到摔死在地上。

我们习惯了临时抱佛脚，考前狂背，尤其是在还真能靠死记硬背取得不错的成绩时，许多人就习惯了用知识的记忆量来衡量学习效果。于是你会看到每当考前，会有大量学生手握书本紧闭双眼，嘴里念念有词……

但这样的学习方式只是把知识"囤积"起来，却可能从来没有真正利用过它。

当代大学生都陷入了短时记忆的迷沼，背书三天，忘记只需要一场考试。背书的罪也受了，不到三天脑子里便了无痕迹。

或许也会有人质疑，如果我温故而知新，将之反复地重新记忆呢？其实即使你不忘记知识，强行将其记忆也没多大用。

认知科学家托马斯·兰德（Thomas Landauer）从 20 世纪 60 年代起开始研究人类的心智与知识，他曾经测算过人学习和记忆的速度，并假设：如果在 70 年内这个速度是恒定的话，那么我们大脑最终能储存的知识量是多少？

别震惊，答案是：1GB。

1GB，连下一部《盗梦空间》都不够，即使换算成 word 版本，也仅仅 5 亿多汉字而已。

所以，在人脑容量有限的情况下，如果把记忆知识等同于学习知识，最后我们很可能像"蛞蝓"一样，被知识和记忆的重量给压得动弹不得。

不能在大脑中流动的知识，无法内化为思考体系的内容，只能算占大脑内存的垃圾文件。

更何况大脑的内存本来就没多少。想玩行为艺术，还是需要谨慎考虑。

那么知道了行为艺术学习法的弊端，接下来我也会教给大家一些正确的、切实可行的学习方法。

04 记忆外置，大脑思考

如果人脑的记忆是有限的，知识又那么多，那么我们应该怎么利用大脑内存才能使效率最大化呢？

很简单，直接把记忆外置储存，大脑只用来调用某些知识的底层逻辑与方法论，集中认知资源思考。

互联网时代，"资源囤积手"们一定懂，按照书单囤书，下各种知识付费 App，存好几个 GB 的模板资料，买各种线上线下课程，遇见好东西赶紧先收藏"马住"……这些都是记忆的外置。

但这只是第一步，许多人都止步于此，只存不用。

储存多少根本不重要，重要的是你能否养成习惯，随时随地地记录、索引、整理、调用。

互联网所带来的移动云盘红利，让你可以放心地把记忆交给几百个 GB 存储量的云盘和电脑。而让外置的记忆真正发挥作用的关键是三点：

1. 你要记住在哪里能找到信息；
2. 你要能想起它的特征和关键是什么；
3. 你要思考明确找到它后该怎么用。

这就是通过可靠的外部系统来辅助自己记忆事物，而你自己则只需要记忆某些对你长期有用的关键信息，或者思考常需要用到的底层逻辑。

比如都是基于金字塔原理的双因素理论、时间管理矩阵、SWOT 分析，若是你认为一下子记忆这么多有困难，那你就只记住最核心的 MECE 法则（Mutually Exclusive Collectively Exhaustive，常被称为"不重叠，不遗漏"）要不要作为拓展作为引用就好。搞懂这个，以上这些就能融会贯通。

> 推荐几个外置记忆的工具：印象笔记、有道云笔记、百度网盘、为知笔记。

如果现在你还非要读 100 本书亲自记住上面的知识，就像你非要背下来一整本电话簿才肯去打电话一样。其实我们只需要把号码写在电话簿上，然后记住电话簿放哪儿就行了。

这就是我希望你改变的认知方式：要懂得调用知识，而非记忆知识。因为在这个信息爆炸的年代，知道信息在哪儿，比记住信息更重要。

05 "DIKW 模型"

再给大家介绍一个非常有用的底层思考模型。

图 3-4　DIKW 模型

这个模型的起源可以追溯至托马斯·斯特尔那斯·艾略特（Thomas Stearns Ehot）所写的诗《岩石》（*The Rock*）：

> 知识中的智慧我们在哪里丢失？资讯中的知识我们在哪里丢失？Where is the wisdom we have lost in knowledge？ Where is the knowledge we have lost in information？

这便是一个关于数据、信息、知识、智慧的转化模型。

一个最为闭环的学习路径，应该按照这个"DIKW 模型"走：它把学习分成四个层次——数据（Data），信息（Information），知识（Knowledge），智慧（Wisdom）。

假如你看了一本《霸道总裁爱上我》。

这本书上的文字，比如"霸""道""总""裁"这四个字就是"数据"。

数据相当死板，只用来描述客观现实，没任何意义。

然后文字会构成句子和段落，让我们明白它在讲什么，比如从"霸道总裁爱上我"这句话，你就知道这剧情肯定是个玛丽苏小说，此时我们就获得了"信息"。

信息是我们所筛选、记住、理解后的数据，比较孤立，有一说一。

然后我们通过"信息"进行了思考，比如我们看了几页，获得了两个信息："这本小说的女主好无脑啊。""这本小说的男主好没品啊。"

然后，把这两个孤立的信息联系起来，我们会得出一个新的结论："这本小说写得超烂的。"

由此，我们还会衍生出其他结论："这种题材的小说太烂了。""再也不想看带'霸道总裁'这四个字的书了。"这些就是从"信息"中构建出的"知识"，是对信息的应用。

知识就是把孤立的信息联系起来，使它们产生新的意义。

能到这一步，我们的学习已经是有意义的了，但有少数人还能再上一个层次。

如果说"数据""信息""知识"都是我们可以利用经验思考出来的"已知"的东西，那将"知识"跨界引用，深度思考，脑洞想象"未知"的东西，就会变成"智慧"。

比如我们可以继续思考："为什么这本小说这么烂？""什么样的人才有勇气写这样的书？""看这玩意儿的人又是什么思想？"

三个月后，我们或许就在学术期刊发表了一篇论文《论玛丽苏思想在高校环境中的集体传播与影响》。

==智慧是关心未来，是利用已知规律，对未知进行想象和探索。==

06

最后我们来总结一下。

行为艺术学习法的弊端是：

错把学习行为和学习场景的代入看成了学习本身，从而无法通过提高认知效率高效学习。

把"熟悉"当成"了解"，把"记忆"当成"学习"，从而过度高估自己的真实认知水平。

而想要找回自己的独立思考高效学习能力，需要两个步骤：

1. 记忆用外部系统来储存，只需熟悉如何提取；

2. 用DIKW模型将数据转化为知识，长期来看，它可能还会演化成智慧。

这是一个需要慢慢来的过程，也需要一步步培养习惯，所以不用着急。

最后，希望大家都不做行为艺术学习家，毕竟行为艺术，非大艺术家还是很容易玩砸的。

"知道"的幻觉

对世界,我们并非真正"懂得",
仅仅是"熟悉"。

04 坏习惯的多米诺骨牌：拖延、爱幻想与不自律该怎么办

知乎有一个很好的问题，叫"拖延、不自律、爱幻想怎么办？"，这个问题相比那些普通的单点击破型问题"拖延症很严重怎么办？""总是做不到自律怎么办？"要有意思许多。它更加贴近多数人真实的行为情况，因为所有的坏习惯都不可能是单一出现的，而是综合交错、互相影响的。

这个问题算是看透了一个本质——好习惯各有各的厉害之处，坏习惯的表现却都大抵相似。

拖延、不自律、爱幻想看似是三个不同领域的问题，但这三者却又"彼此扶持""互相促进"，坏到了同一个骨子里。

因为这三者对当代年轻人的通病比较有概括性，所以借助这个问题，正好一次性解决这三种通病，在开始之前，我先按我的理解，给这个问题重新串一串排一个

序：人首先是爱幻想，接着会有拖延症，最后才变得不自律。

01

首先是爱幻想。

爱幻想这件事本身，其实挺好的。

我也非常爱幻想，总在每晚睡前盯着窗帘，想着十年后我会在哪个城市的郊外骑着自行车拍越野vlog，抑或是会在院子里种十种绿植，在天台放一个画架和一台天文望远镜……

我爱幻想，但我的幻想非常具象，有画面感和细节。但许多人的幻想，仅仅停留在"未来我要成为一个什么样的人，我要拥有很多钱/车/房子"的状态，却很少有人具象化地思考自己想要过上什么样的生活，那种生活的细节和图景又如何。

在我的幻想中，很少有"世俗"的东西掺杂进去，比如我从来不会幻想我要赚到几百万，或者在多少岁结婚过上什么老婆孩子热炕头的生活。

或许你会觉得，这不都是幻想吗？不都一样耽误现实生活？

后来我发现，并不是这样的，幻想什么其实也很重要。

这就是虚伪的"社会蓝本"。

学者劳伦·贝兰特（Lauren Berlant）曾说：对美好生活的集体想象，是最残忍的乐观性。

这个社会中存在一种"传说中的美好生活的蓝本"，我们的欲望早已被它规训。比如老一辈口中常说的"结婚生子，考公务员，安度晚年"就是一种传统的社会蓝本，这个蓝本为我们虚构了一种群体想象中的美好生活，导致很多人更愿意用传统的方式过完一生，而不是用体验的方式过完一生。

在这个蓝本中，社会会给你灌输一些大众的欲望，有时是东西：房子、车子、奢侈品等。有时是生活方式：结婚、生子、消费等。所以大家都会幻想，我以后会住多大的房子，会买多贵的车子，每年要去几个国家旅行……

这些在物质、爱情层面对于美好生活的幻想，被集体塑造成了"无须质疑"的事情。的确，如果以体验式的方式度过一生，未来的一切都充满未知和惊险，但如果按照社会蓝本度过一生，社会范式就把复杂降为简单，为我们的人生铺好一条不会有多少大风大浪的路。

人们常常以为自己是欲望的主人，以为幻想是从自己本身发出的。

但从出生起，我们的欲望就一直在不断地被这种"社会蓝本"所规训，我们正在按照社会给我们灌输的"我们该有的东西"去幻想，而不是发自内心地去探索自己真正想要的是什么。

但即使是集体所奉行的"社会蓝本"，有时候也是很坑的。

比如，我有一次和我的读者聊天，她提到自己近期的感情问题。她跟我说最近经常和男朋友吵架，感觉彼此三观不合，但还是不愿意离开他，而且今年就准备结婚了。

我说，三观不合的人过一辈子是很难受的啊，你真不再考虑考虑？

她说自己已经奔三了，再不结婚就来不及了，周围亲戚和父母都在催促，即使再不满也没什么可挑的了。

她觉得，结婚就是这个社会对于"好生活"的标准之一。虽然她不结婚可能会更开心，但她又渴望留在这段关系里，因为她不愿意失去参与这种"好生活的幻想"的权利。

若她能够意识到，这种幻想是社会蓝本所灌输给她的，或许就会有一些勇气去寻求自己真正想要的生活了。不过大部分人都无法打破这个蓝本的幻想，因为我们偶尔也会看见有些看似"格格不入"的人在尝试质疑这种幻想，但很快，他们就会被集体的影响力所撼动。

比如一些大龄未婚的女性，无论在事业上多么成功，都会遭受身边人的非议；比如网络上一些偏向感性和女性化的男性博主，也会被网民议论谩骂。因为他们的一些特质违反了集体想象中的"社会蓝本"。

我们因为听说美好生活必须具备一些东西，便因此不敢放弃自己不想要的，也不敢追求自己想要的。但那仅仅是"听说"而已。你以为生活除此以外别无可能，在僵局中苦苦坚持，所以不小心就略过了其他的一些真实地让你幸福的可能性。

若是你开始留意网络上的一些声音，就会发现僵局开始慢慢形成了。越来越多的人开始质疑与反对传统的生活，转而去开拓新的，甚至截然不同的生活方式。

贝兰特提出，僵局的出现，正是因为人们意识到，对于整个社会而言，通过那张传统的蓝图实现个人幸福的可能性越来越小了。

这个集体的幻想已经出现了重重裂缝，不足以支撑人们毫无怀疑地一往无前。

贝兰特说，改变生活可想象的内容，重新定义什么是"过得好"，是极其重要的。

就拿人人都推崇的"一夜暴富"来说，其实你并不想暴富，只是想每年出国旅行一次；可能你也觉得买房并不重要，每年换一个城市租房，体验不同的风土人情也挺享受的。但若是盲目跟随大流，跟随社会蓝本追求物质上的"暴富"，对你来说只会有压力和越来越多的迷茫。

比如我从来不会把结婚提上日程，而只想早点儿实现猫狗双全，养一只柴犬和一只橘猫，为了它俩赚狗粮猫粮钱对我来说就很幸福了。

我清楚地知道我的幻想就是我真实想过的生活。所以它会成为我的动力，而不是产生拖延症的阻力。

所以许多人的幻想之所以会成为一种削弱行动力的累赘，是因为幻想的东西一开始就不太对，那可能并不是你真正追求的，只是社会蓝本让你去追求的。

你一定要发自内心地去想清楚两点：

1. 幻想之前，先抛开"社会蓝本"的那些世俗欲望，好好想想自己真正想要的是什么。

你可以多回忆一下自己的童年，因为那时的你还不懂物质生活意味着什么。保持无差别的好奇心和观察力，是让你未来获得真实快乐的关键因素。

2. 为了过上自己所幻想的那种真正想要的生活，你现在最需要去做的又是什么？

或许你该放弃一些你正在做的，看似很重要其实偏离了你所真正追求的事。比如去学习一个冷门的专业，爱一个看上去不可思议的人，即使这注定只能是一场"体验"，但已经足够让你的人生变得丰富与幸福。

托尔斯泰说，幻想里有优于现实的一面，现实里也有优于幻想的一面，完满的幸福将是前者和后者的合一。

我们的生活需要幻想，更需要正确的、贴近自我追求的幻想。

02

幻想不到位，就会有拖延症。

在幻想姿势不太对的情况下，拖延症就虽迟但到了。

许多知乎答主会喜欢从自控力、行为学的角度解析拖延症，但若是从内心追求与自我实现的角度剖析，拖延症看似是一种表面的毛病，其实有可能是潜意识对你的一种提醒和劝诫，提醒你是否已经偏离了自身真实想追求的东西：你看，你都拖延了，你好好反省反省这真的是你想要的吗？

如果你的潜意识里其实并不那么在意你所追求的东西，不明朗其追求过程的价值，那就会产生拖延，因为你的潜意识不理解，为什么要为了一个你并不真正想要的东西奋斗？

比尔·盖茨 13 岁开始学编程，不是为了成为世界首富，而是发现了自己在 IT 业的天赋，想大展拳脚。

赚钱只是追寻梦想的附属品和验证过程，如果你直接奔着赚钱去努力，一是容易迷茫，赚钱的路子那么多自己该选哪个；二是没什么主见，容易被营销号画着"××天赚回学费"的大饼割韭菜。

此时的拖延与其说是困扰，它更像是一种自救：醒醒，这不是你真正想要的，快找到立刻能让自己动力满满的目标努力啊。

我以前也学着同学清晨背单词，但我发现我无比拖延，死活起不了床。后来我换成清晨去跑步就轻松多了，因为下个月其他城市有一场马拉松，不仅可以拿到奖牌还能顺便旅行。

人绝大多数的困扰、焦虑和压力，根源都不在外界，而在于自己的内心。拖延只是一种行为的表现，本质在于我们丧失了做事情的动力，一直逃避，不敢直面问题。所以想根治拖延症，也要先心态，后方法。

即使拖延已经是个被说烂了的问题，从神经科学的角度来解释拖延，也会有一些不一样的感觉：

> 在我们的大脑中，对于情绪反应的部分过于敏感，而对于执行控制、情绪调控的部分，功能又太弱。这就会导致我们会更加愿意在情绪上消耗资源，而非在行动上消耗资源。

举个例子，有一天，你接到了一个并不想做，也不知道为什么要去做的任务，于是你在脑子里反复纠结：这事为什么会安排给我啊？我一定要把它完成吗？就这也要我去做吗？就这？就这？

这就是情绪反应的部分，对于那些困难的、烦琐的、令人不快的任务，你会下意识产生厌烦情绪。而且由于前者的敏感，这种不快感会被放大。

与此同时，由于情绪调控的功能太弱，导致你不太懂怎么抑制这种情绪，也无法拨出资源去行动，你就会一直烦，逃避一时爽，一直逃避一直爽。

于是你大部分的精力和时间，都拿去处理这件事带给你的情绪了，反而没什么多余的精力留给执行。在理性与感性的博弈中，大脑本能习惯于拒绝理性的干预和调控。

整个过程表现在外，就是拖延。

所以设置deadline（截止时间）、目标分解……这些方法虽然短期有用，但治标不治本。看了十个一百个拖延症的回答，最后还是：谢谢，很有帮助，下次还犯。

此时的解决方案，就要回到第一步的"爱幻想"中去了，根治拖延最好的方法，就是先为自己幻想并创造一个足够有诱惑力的前景。

2005年，哥伦比亚大学教授Angela Hsin Chun Chu和麦吉尔大学教授Jin Nam Choi，在一篇论文中指出：拖延其实有两种，一种叫作"积极拖延"，另一种叫作"消极拖延"。

没错，拖延也是有积极与消极之分的，在一项任务到来之前，人会有两种动力：外在驱动力和内在驱动力。Angela和Jin认为，"积极拖延者"的特征是：具备很高的外在驱动力。也就是他们喜欢通过外界的压力来驱动自己工作，享受压力带来的那种肾上腺素狂飙的感觉。但他们的内在驱动力很低，不怎么通过自己内在的愿景与追求去驱动工作。

而"消极拖延者"，则是外在驱动力和内在驱动力都很低。当外在驱动力，也就是压力大到再不做就会完蛋时才会去做，但因为他们非常排斥压力，所以做事效果也往往不如"积极拖延者"。

外在驱动力我们就不用过多介入了，你的老板会给你施加的。我们能够介入的是内在驱动力，也就是通过幻想创造一个美好的前景来强化内在驱动力，将"愿意去做"的信念提前。

高考前夕我的学校举办了一个篝火晚会，让大家把自己对关于大学的美好想象写在了小纸条上，还会抽人上去大声朗读，我已经记不得那时我在纸条上写了什么，只记得那时我们全场的气氛很燃。后来工作，公司也会经常举办动员大会，预测公司在未来的规模发展会如何，连未来办公室的落地玻璃窗都要细细描绘一番。

这也是我建议你把幻想给具象化的原因，比如你想考研去某个大学，可以把目的地的一切美好想象视觉化，把校园的照片打印出来贴在房间里，把学校周边买来布置桌面，让这种美好期望成为你坚持学习下去的支撑。

这些都是在不断地让我们构建对未来的具象化幻想，从而强化内在驱动力，让我们不再拖延，及早行动。

03

拖延成性，最终不自律。

自律是件反人性的事，在如何逼自己更自律这方面，我是真诚建议你放弃的。因为你所羡慕的自律，本质上只是别人习惯成自然后呈现出来的模样。

就拿"早起"这件最爱被立 flag 的事来说,先来说说一般人眼中,自律的人是什么样的:

天哪,他冬天都能每天六点起床!他是怎么忍受那么困和那么冷的?

再来说说被认为自律的人,眼中的世界是什么样的:

今天又是六点自然醒啦!起床穿衣服可以下楼吃热乎早餐了。

发现了吗,自律的人是没有意识到自己在"自律"的。

不去养成习惯,而直接去模仿行为,就像是先系鞋带才穿鞋——光挨挤了。

要想清楚,自己自律到底是为了什么,而且这件事一定要是对你有意义的,符合你"真切的幻想"的。许多人之所以不自律,一是因为没找到自己想要的,二是把自律这件事看得太难,太折磨人。

但"自律"从来不是一种约束或束缚,反而应该是自由的展现,是你按照自己的愿景和想法自然选择的一种行为和结果。

为什么那么多人都无法做到自律?本质是难以形成习惯。有一个概念叫作无本之木,它是指没有根的树。"本"就是指惯性与习惯,"木"则是指行动和执行。如果我们在"本"上无法形成惯性和习惯,那行动之"木"也必然无法开花结果。

04

我有一个很有效的新习惯养成方法,叫作"以 50% 旧换 50% 新"。

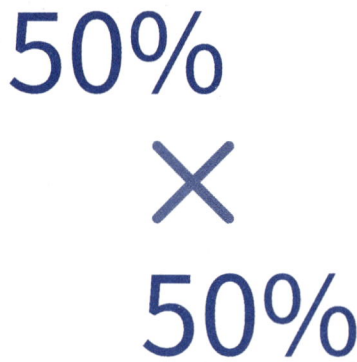

图 3-5 以 50% 旧换 50% 新

这个方法的意思是：把一半的新习惯放在一半的旧习惯后面。

习惯是很难一下子就扭转过来的，我们没办法马上就兼容一个新的东西，所以我们要把新习惯放在旧习惯后面，慢慢让自己感觉它俩是一伙的。

就像你的老朋友带了一个新朋友来，虽然一开始有点儿别扭，但至少是老朋友领过来的，还是得给点儿面子好好相处一下的。

教你一个以旧换新的万能句式："一……就……"——"我一经历 A 事，就去做 B 事。"

比如："我一从床上爬起来，就摸过床头的书看十页""我一打开朋友圈，就去学习半小时"……

这个行为的意义在于将新习惯和线索进行挂钩，慢慢用新习惯代替旧习惯，并逐步将旧习惯"挤走"。

很多人的误区，都是喜欢用时间来建立习惯。比如"我今天要背 100 个单词""我今晚要读 50 页书"……

但是，这个习惯并没有和你当前的任何生活场景挂钩，所以才很难成为行动的线索，除非你每隔一分钟就碎碎念一次"我今天要背单词晚上要读书"，不然你很容易就会把这事忘掉。

所以"一……就……"的句式，就是在不断调试大脑的反应，进而强化你想起并行动的动机。

分享几个我的以旧换新句式：

我早上一睁开眼睛（旧），就摸过床头的单词本背30个单词（新）。

我一开始刷微博（旧），就关掉手机去写完今天的文章，写完再刷（新）。

我晚上一躺在床上（旧），就在脑子里先复盘一遍我今天有进步的事（新）。

前期可以借助便利贴、备忘录、闹钟等工具提醒自己，等过几天养成习惯后就可以靠条件反射来约束自己去行动。

最后总结一下：

爱幻想没什么不好，但许多人的幻想是被"社会蓝本"规训过的。你要发自内心地去寻找自己想要的是什么。

拖延的本质是在情绪处理上耗费了太多精力，从而抑制了行动。应该具象化你的幻想，强化内在驱动力去促进行动。

自律也从来不是一种束缚，而是一种真正自由的展现。当你让愿景形成了一种习惯，自律会自然而然地发生。

再把上面的三大模块串一串，你就能更明白了：

人首先是幻想对了,接着为了实现这个理想的图景不再拖延,最后不知不觉变得自律。

祝你能够成为一个正确幻想中的自己。

幻想的多米诺骨牌

通过正确的幻想,
实现理想的图景,顺其自然养成自律。

05 达·芬奇的诅咒：
都会但都不精通，是好事吗

如果让我给被互联网海量信息所包围的年轻人们一个最需警醒的建议，那我一定会说：千万不要沉迷于那种"什么都会一点儿，什么都懂一点儿"的多元优越感。

01

我在大一的时候，非常沉迷于享受那种"多元感"。

我会一点儿 Photoshop，会一点儿绘画，懂一点儿写作，又懂一点儿健身……我觉得自己什么都会一点儿，又什么都懂一点儿。

我发现我的同龄人对很多东西都完全不懂，和他们对话的时候，我总是在输出的那个，哪怕我只懂一点。于是我开始飘飘然了，觉得自己就算懂得不深也够用了，于是计划着去学更多领域的技能，尝试更多维度的东西，做一个更斜杠的多元青年、超级个体。

醒悟来源于一次我帮人解决问题时不小心遇到了专业人士……那种感觉就像是一种降维打击。我是被降维的那个。

我还在结结巴巴想怎么说的时候，他已经流畅地说出了原理。

我还在冥思苦想怎么解决的时候，他已经列出了好几种方法的优劣问你要选哪个。

我还在像原始人一样不灵活操作的时候，他已经搞定放下键盘去一边喝茶了。

这就是我这个所谓"斜杠青年"和真正的专业人士的差距。被打击后，我终于狠狠地在心里鄙视了自己一把：你这废柴，连单杠都做不好，还想做斜杠？

此后我开始深耕写作，认真经营自己的知乎和公众号。当然其他的我也一直在学，但我再也不会拿我不精通的技能吹嘘。

这段人生经历，让我发现了"什么都会一点儿，但都不精通"的本质真相：

其实大部分几乎没什么专精与特长的人都会对自己有这个评价。其实它就是自己一无所长的一块遮羞布而已。

02

这在现代也有一个相对应的概念，叫作"达·芬奇诅咒"，是所谓的聪明人最容易犯的一种思维错误。

"达·芬奇诅咒"一词出自莱奥纳多·洛斯佩纳托的《聪明人

的才华战略》一书，作者用他的亲身经历来探讨：他自诩是一个聪明人，却为什么没有达到如达·芬奇一般的成就？

众所周知达·芬奇是一位画家、建筑师，在科学和技术领域也有许多伟大的成就，尤其擅长人体解剖和机械制造。在后世人的眼里，达·芬奇是个普世意义上的"全才"。

作者在书里提到，在达·芬奇那个年代，世界上几乎99%的人连字都不识。那个时代的聪明人，只要稍微多花一些时间研究一些东西，就极有可能在某个领域内获得一些显著的成就。

但放眼今天的社会，由于千百年的知识智慧体系的积累，九年义务教育的普及，如今想在某些学科领域或者工作领域内取得一些成就，往往需要更加深入地钻研和更加专注地投入。

具有"达·芬奇人格"的人，感兴趣的领域实在太多了。他们看什么都有强烈的好奇心，而且总是会被更新奇的事物所吸引，以至于根本没办法静下心来专注于一个领域。

所以当代的"达·芬奇"，往往形容一些起点很高，对各个领域和学科的涉猎极广，却终其一生都没有取得什么成就（哪怕是世俗中的一些小成就）的聪明人。

按照接地气的说法，现代的职场和生活中比较喜欢管这种人叫"万金油"。

我三叔是个平平无奇的中年男人，他职位不高，偏偏又很喜欢到处凑饭局，和人家谈论国家大事、金融、股票，作为一个四十多岁还月薪四千的人，他最爱说这种特宏观伟大的事，几乎什么话题他都能够掺和两句。

相比起来，我爸算是一个政治废和金融废，但他非常喜欢历史，小时候每次和我抢电视都是为了看历史频道的纪录片，没事也在头条上刷刷历史文章，经常对着连朝代都背不明白的我侃得头头是道。

而且因为见多了历史长河中的浮沉，我爸的心态和气场都相当豁达，还经常用一些古言古语教育我，让我"人生在世不称意"也要笑面今朝，思维已经相当李杜化了。

那么我三叔呢？还在天天凑饭局扯国家大事，但就是没人听了他吹的东西给他涨点儿工资。

03

那么"达·芬奇诅咒"到底是从哪些方面影响人的一生的呢？

第一，只有兴趣没有作品，就无法兑换现实价值。

"兴趣"其实是最好拿来充数伪装的东西。哪怕还不会，只需要一句"我对古典音乐/西方艺术很感兴趣"，不懂的人立马就会投来崇拜的目光。但现实是，仅仅是有兴趣随便学了点儿，而不去长期地积累作品与经验，是无法兑换现实价值的。

宾夕法尼亚大学心理学副教授安杰拉·达克沃思（Angela Duckworth）在她的书《坚毅》（Grit）里对于"兴趣"划分过两个等级：

一种叫"初学者兴趣"，是指一种浅尝辄止的兴趣。比如，我今天看到学书法很有意思，想要去了解一下。明天，我又对插画感兴趣，去报了个课玩玩。

这种兴趣往往不能够支撑一个人走得很远，乃至取得成就。当有其他让这个人感兴趣的事情出现时，这个兴趣就会被遗忘。

而另一种兴趣是比较深度的，称为"专业兴趣"。这种兴趣是指只有当你专注深入到一个领域内，才能体会它给你带来的很微妙的反馈快感，刺激你继续深入钻研，久而久之，在这个领域内就可以有所成就。这一点会在后文的"深入红利"中细说。

仅仅是会一点儿，但不精通，没什么成就和作品，别人就始终无法注意到你，你也就永远无法通过"兴趣"在现实中兑换到一些有价值的东西。

作品才能体现你的创意，你的才华，你的深度。只有成为一个靠作品来证明兴趣的人，才能兑换到真正的现实价值。

第二，始终停留在自娱自乐的水平。

很多人玩王者荣耀，学会了基本操作，玩得也还行，但没有深入下去又换了和平精英，当然拿了一次第一后也觉得自己很厉害了。

从 DOTA 到英雄联盟，从英雄联盟到王者荣耀，越是受众面广的游戏，操作越会不断地简单化，因为简单的游戏才有娱乐性，才有正反馈，才能让谁都可以轻易上手，所以这也注定了娱乐性的东西是门槛越来越低的。

如果人始终都只去玩一些门槛低的东西，学到入门拿点儿成绩就满足了，而不去琢磨和深耕，虽然这样确实也可以享受到游戏的快乐，但终究逃不了被大神完虐、被其他人的操作所秀到的命运。

一生气，卸游戏，明天还得下回来。又菜，瘾又大。

像这样一直只享受入门级的那点儿成绩，和自娱自乐没什么区别,停留在浅层的普适快感中,便无法超越谁,也无法指导谁。当然自娱自乐没什么,但如果在什么事情上都只处于自娱自乐的状态,那就只能祈祷自己能在竞争的大环境中一直自娱自乐下去吧。

最后,也是最遗憾的一点:不精通一样东西,就永远享受不到"深入红利"。

做事浅尝辄止,自娱自乐,就很难获得深入体验。或者说,那种因为深入一件事,而不断挑战自我,突破迷雾,大开眼界的体验。

为什么很多人都享受那种"什么都懂一点儿"的感觉呢?

因为学一样东西,你是从零基础小白开始的,学到什么都是新鲜的,一开始的正反馈也是最多的,你会感觉自己突飞猛进。但是再往后,进步感就不那么明显了,你对正反馈刺激的阈值也高了。甚至再深入,还会遇到瓶颈期和低谷,无法突破,裹足不前的停滞感会让你怀疑人生。

于是不能维持热情的人就率先退下来,换下一件事,寻找新的新鲜感和刺激,信奉逃避可耻但有用的原则。

的确,他们通过逃避不用再感受痛苦了,却也失去了享受"深入红利"的机会。

瓶颈期是一个挡路石,但也是一块里程碑。正因为每个人的瓶颈期理由及痛苦各不相同,所以每个人不得不去探索自己突破瓶颈期的方式,在这个过程中,人的心智与专业水平都会得到飞跃的成长。

比如写作,有的人就靠疯狂看名著专业领域论文来突破瓶颈期,而也有人去做了一个优势分析测试后直接转型。头部美妆穿搭公众号"深夜发媸"的创始人徐老师曾经只在这个公众号推送一些自己的日常，之后才转型到如今的美妆穿搭领域，当然转型的过程是痛苦的。

可以这么说：只有突破了瓶颈期，你才和那些肤浅学习的人真正拉开了差距。

而突破瓶颈期以后，会发生什么呢？——"深入红利"出现了。

你会发现，你看世界的角度不一样了。

比如，我们大多数人在夜空中看到的都只是星星，而天文学家看到的，却是由恒星组成的星座之间更浪漫、更丰富的样子。

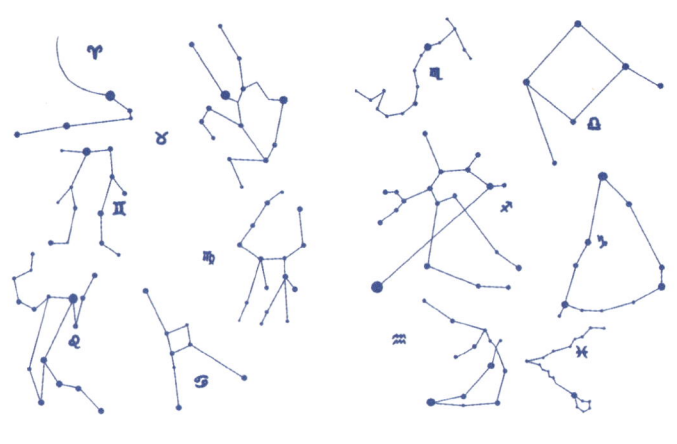

图 3-6　十二星座

不懂国际象棋的人，只能看到一盘被胡乱摆放在棋盘上的棋子。但高手只需看一眼就能感受到棋盘上的惊险和刺激，看见战略和布局。

你会发现，你处世的态度不一样了。

那些浅尝辄止的人，在遇到困难时更容易一直尿，一开始只是心态上不愿意深入，后来就逐渐变成深入能力的缺乏，面对任何新挑战都倾向于叫难。

而愿意深入的人，不断接受挑战的经历会让他们习惯于自我突破，他们明白在跨越黑暗之后定会有更加耀眼的深入红利，于是会更加沉得住气，稳住心态，等待跨越里程碑时机的出现。

所以，那些享受过深入某个领域而带来的"深入红利"的人，走的是不一样的人生模式。年岁渐长，环境变化时，这两种人的差距就此拉开。这就是为什么许多人会感觉："大学时大家的水平都差不多，毕业后的差距怎么会突然这么大？"

04

"短板理论"是由美国管理学家彼得提出的：盛水的木桶是由许多块木板箍成的，盛水量也是由这些木板共同决定的。也就是大家熟悉的——一只木桶能装多少水，取决于它最短的那块木板。

长期以来，人们对于短板理论深信不疑，本着什么短补什么的要求，千方百计地去补齐那块短板。

许多人深受"短板理论"的影响，每当你的某一科取得了高分时，相比夸奖你擅长的科目，老师更担心你的偏科问题，语重心长地告诉你不要偏科，要把自己的弱项补起来才能拿到综合高分。

于是许多人哪怕有自己的特长优势，进入社会后也会担心："我光有长板是不行的，必须想方设法弥补我的短板。"

但随着时代的发展，短板理论在"互联网+"时代已经完全落伍，相反，长板理论却脱颖而出。所谓长板理论，就是在所有的木板中，你只要不断地使自己那根长板一直保持领先的优势，而其他的短板则由别的长板来替代,就会产生比一般个体更大的效能。

这两年发展迅速的"得到""樊登读书会""喜马拉雅"等知识付费平台为广大知识分子提供了施展才华的空间。对这些知识提供者来说,他们拥有的只是自己的知识长板,并不需要掌握经营和推广知识,那些都由平台完成了。

所以在互联网社会中,个人的价值和地位是遵循"长板理论"的。若是你有足够精通的"长板",那就完全可以弥补你一点儿都不懂的"短板"。所以未来你也不用强迫自己做不擅长的事情,会有擅长那方面的人去负责的,不必是你。

你只需要扬长避短,把自己的优势和兴趣发挥得越来越好就可以了。

如果你对英语没有兴趣,就去做做数学,或者你对写作不感兴趣,就喜欢短视频,那就去刻意练习,好好精进这方面就好了。

唯有精通,才是王道。

一块板子短,那就加长其他的长板,把木桶倾斜一下,甚至可以装更多的水。

图3-7 木桶

05

此处就是别处。

学霸和学神的区别，在于学霸学什么都能很努力，而学神是学什么都能很轻松。而这之间的差距在于，学神一定有一个自己极度擅长和精通的领域。

数学学得极好的人，往往学起物理和化学也相当轻松；啃得下某本著作的人，往往学起英语和语文也得心应手，连交往中的逻辑表达能力也能得到极大的赋能。

这其实就是，世间之事，只要你足够深入，就能发现它们之间有许多共通之处。你做这件事跟那件事，尽管表面上是不同的两件事，但是它们的解决逻辑是一致的。

比如一个很懂金融的人，他去做营销或者运营也会相当厉害，因为对金融了解到一定地步，就会明白所有推动经济的本质都是人性。

像股神巴菲特，他看似是金融大师，其实他更是个驾驭人的人性大师。而驾驭人性这件事，是可以用到一切领域中的。

我一直在写作，看似是在锻炼文笔，但写得越深入，我的逻辑能力和表达能力也会得到很强的锻炼，而逻辑表达能力也可以用到一切领域中。

你能把一件事做到精通，也能形成一定程度上的可迁移能力。

许多看似斜杠的人，往往都会有一个长处特别长，比如连续跨界创业者李笑来，他是原新东方的名师、畅销书作家、比特币专家，这些是我们看到的结果，而他的成功都是基于他强大的逻辑思考能力以及行动力，那么头衔只是对他逻辑思考力与行动力的奖赏。

所以，此处就是别处。别再用表面的"多元"来麻痹自己"不精"的事实。

06

最后，希望你可以变成那个被别人追赶的人。

虽然都说笨鸟先飞，但这个世界最残酷的地方在于，那些笨鸟根本做不到先飞，真正会先飞的永远是那些聪明的鸟。

如果有人说自己什么都会点儿，但都不精通，某种层面上，好像还有点儿小炫耀自己聪明的成分。但现实就是，这种状态一点儿都不浪漫，尤其是遇到现实的那一天。

我们不是达·芬奇，也没有处在达·芬奇时代，所以也不太可能有达·芬奇式的成就。但若是能够专精，专注地去做一件事，现实也会给予你应有的回报。

希望这篇文章能带给你思考，也给你一些勇气，让你成为一个敢于"笨鸟先飞"的人。

达·芬奇的诅咒

别再用"多元"掩盖自己的"不精",
此处就是别处。

第 4 章

CHAPTER 4

拥抱未知,面向未来:
如何应对这个不确定的时代

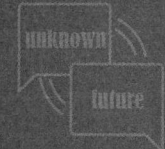

  探索完冰山之下的内在认知后,这一章你将会来到冰山之上的现实世界。
  如今时代颠覆变化的速度让人惶恐,这部分会告诉你应对现实中未知潮水的底层逻辑,包括配得上的潜规则、汲取黑色生命力、压力的反转审视、送你一套演化工具。

01

"配得上"的潜规则：
如何让大佬心甘情愿地把他所学教给你

做认知类博主这么久，我会经常收到一些求教的私信。除了一些询问具体学习方法的私信之外，还有一类很有趣的问题：

"如何让别人心甘情愿地把他所学的教给我？"

乍一看有些自私，但很多求知者内心深处都渴望着这个问题的答案，包括我。

每个人的成长环境和接触到的社会资源不同，不同个体的经验和内化知识的方法自然也有着很大的差异。如果你有幸遇到贵人倾囊相授，就会很明显地感受到"听君一席话，胜读十年书"的开窍感。的确，这一瞬间抹平认知差的爽感让人着迷。

那么，如何才能打破贵人最后一道警惕的防线，让他心甘情愿地教你呢？

我们不妨从一个较为极端的例子切入：

你会用卫生纸擦屁股吗？

我猜你会。

那么，你愿意教别人用卫生纸擦屁股吗？

我猜你也会。

那么你为什么愿意教他用卫生纸擦屁股呢？

因为这件事情极其简单，你的教授成本很低，他的回报周期也短，可以说是个人就学得会。

而且这是一个刚需技能，你不教，别人也愿意教，那为何不把这个人情卖给他呢？没准他下次愿意教你用一些别的东西呢！

那么我们换一种问法：

你会开美式F-4鬼怪二代战斗机吗？

先假设你会。

那么，你愿意教别人开美式F-4鬼怪二代战斗机吗？

我猜你不会。

为什么不愿意教？

原因很简单：你觉得以他现阶段的水平根本学不会，还可能急于求成跟你学出事来，并且学出事后他七大姑八大姨还会来声讨你，讹你的钱。

并且这不是一个刚需技能，你不教他，其他人也教不了他。就算你教了，这个人情成本卖得太大，你总不能指望他下次能教你开俄罗斯台风级潜艇吧？

01

寻根觅源，我们先扔开战斗机和潜水艇，从其底层逻辑入手。

人们不愿意心甘情愿地教授自己的所学，其根本原因在于两点：

1. 这个技能对大多数人来说是非刚需的，就算教了也没有强应用场景，所以大部分人并不会全心投入进去，也不会花费大量时间用心钻研，甚至可能只是三分钟热度觉得好玩。

说白了就是觉得你学不明白。

2. 教授的人情成本太大，无法接受被白嫖，认为对方现阶段还拿不出可兑换的资源来，也看不到未来能报答自己的可能性。

说白了就是觉得你还不配。

你大可换位思考一下，你花了三年时间阅读了上百本名著，写了不下几十万字后，终于在写作方面引用典故得心应手，文笔表达流畅自如。

此时一个只有三个关注的粉丝私信你，说："很喜欢你的文笔，教我写作呗？"

又或者你花了三年时间观影上千、阅片无数，独自在深夜扛过PR（Adobe Premiere Pro，一种视频剪辑软件）的无数次崩溃，终于在剪辑方面成为特效王者、节奏大师，对素材片段渠道来源了如指掌。

此时你室友下来吃饭，看了你的一个混剪，说："你这个视频做得好燃，教我剪辑呗？"

换成你，你想不想教？

02

我遇到过很多这样的人,他们从来不会考虑自己的天赋和努力程度,只想奉行"拿来主义"直接掏空别人积累了很久的知识储备和阅历经验,哪怕拿到了方法也不去用,也学不会,他也还是想要。

比如我曾经有一个单价 19.9 元的知乎盐选专栏,会员可以直接免费看,如此平民的价格,但我仍然收到过很多类似这样的私信。

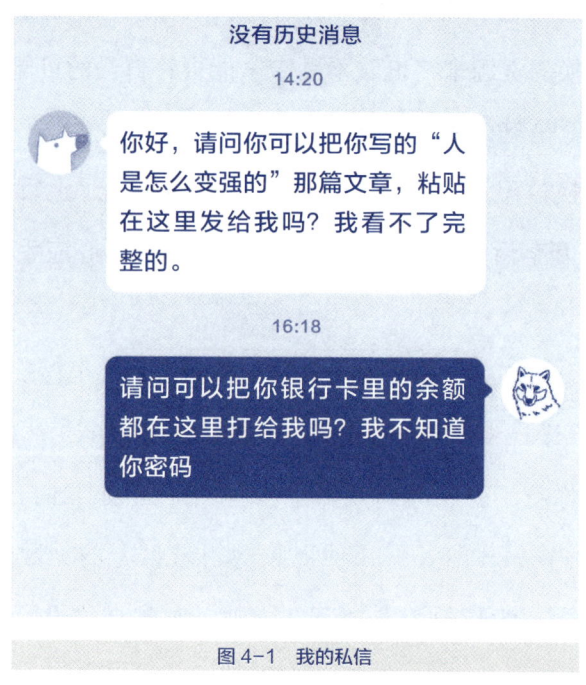

图 4-1 我的私信

人是喜欢被尊重的,一个在公交车上给他人让座的普通人尚且希望得到尊重,更别说那些花费了大量时间钻研某领域的专家、学者。

相比之下，那些办了健身卡一年都去不了一次，知识付费了某课程却一次不学的人是真的好得多。至少他们在金钱上尊重了别人的劳动成果。

但钱不是最重要的，知识付费、拍马屁、买礼物、发毒誓等态度上的诚意也都是次要的，想让大佬倾囊相授，最先要做的是：

<mark>展示自己能够承接他的精华，对其消化并加以强化，再反哺给他的能力。</mark>

很多人不愿意将自己所学教给别人，真的不是因为自私或麻烦，而是不想浪费自己和别人的时间。

正因为他是这个领域的专家，所以他能轻松地看出来你现阶段的水平，你对这个领域究竟是三分钟热度还是持续热爱，你是否有度过无知期和瓶颈期的耐性，或者你是否有足够的天赋悟性，适不适合学这个。

在这些条件都不达标的情况下，直接劝你早点儿放弃总显得有些不礼貌，把知识经验全盘托出你也无法承接，最后，也只能拍拍你的肩说声"加油"。

03

若是你真的有心求学，第一步就要向他证明，自己是一个能用好他知识的人。

你一定不能让他感觉出，你对这个东西只想浅尝辄止，只是一时兴起；或者你的性格过于懒惰和丧气，之前干啥啥不行，你学了这个也不知道想干啥，诸如此类。

不能让大佬认为："拿了我的青龙偃月刀，你居然只想上山当个马匪？"

怎么证明呢？

1. 拿出自己往期自学的、练习的作品集、数据、成绩。

想学写作，没问题，先给人看看自己写过的小作文，或者在豆瓣写过的书评、影评等。

实在没有的话，就和人聊一聊自己最喜欢的书，看了多久，印象最深的是哪个情节，当时的写作背景等。

既然你想学一样技能，就要展示出自己对它感兴趣的基础所在，而不是一拍脑袋就想学。

让每个你接触的大佬都能真正感觉到，你并非一时兴起，你配得上学习这项技能，你学会后也有明确的规划。

你有了千里马的基础蹄子，他才会认为自己是伯乐。

2. 至少百度一下，主动学习一些基础知识，再去和大佬探讨。

这一步顶多需要两个小时时间。

有一个概念叫"思考的颗粒度"，即思考问题的细分程度。当你只能提出一个很空很泛的问题时，你的思考颗粒度就是大的。而当你能提出一个细分聚焦的问题时，你的思考颗粒度就是小的。

举个例子，想学习剪辑，如果你思考的是"怎么学剪辑""怎么做特效"，你的思考颗粒度就是大的，你会发现你根本就无从下手解决。

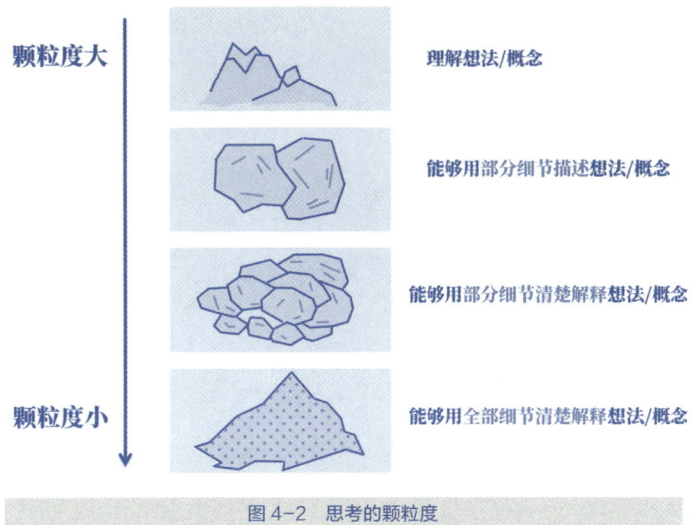

图 4-2 思考的颗粒度

而当你思考"怎么新建一个序列""怎么添加这个关键帧"时,你的思考颗粒度就是小的,你会立马有一个去搜索解决的思路。

而思考的颗粒度直接决定了大佬对你基础水平的判断。所以先去主动学习基础知识,也是为了能让你的思考颗粒度由大变小,能够提出更加聚焦精准的问题。

更加聚焦的提问模式,至少会让大佬感觉你是有自发去了解这项技能的,而当你愿意去自发学习的时候,也会意识到现阶段许多东西都不需要大佬手把手教。

因为你需要明白,假设大佬是 100 分人才,那他至少能教 60 分的人如何提升到满分,而不是教一个 0 分的人该如何及格为 60 分。

知乎有个经典问题:"为什么学霸不喜欢给学渣讲题?"下面很多回答都很贴合这种情况。

学霸:"连一下,A 和 B 相等,懂了没?"

连基础都没打好的学渣,一脸蒙地摇摇头。

学霸心想:这都明显得不行了,怎么还不理解?

学渣:"为啥连那里?"

学霸:"这不是××定理嘛?"

学渣:"呃,××定理是啥呀?"

学霸:……

学霸喜欢给哪种人讲题呢?

"你看,这里连一下。"(抛给对方一个讲完了的眼神。)

"啊……"对方看了几秒,"哦哦!我懂了!这方法妙啊!"学霸会心一笑。

04

刚刚我还强调了一个词——反哺。

在这一步,人品也很重要。偷师学完艺,直接跳槽去做师父的竞品这种事,在商界屡见不鲜。

除了慈善家,很少会有人真的不求回报,更别提将自己的多年所学倾心相授了。

一个人,如果愿意成为你的贵人,要么是相信你在未来会对他有用,要么就是他是被你爸拜托在他走后要好好照顾你的亲戚。

所以,你要展示自己未来的可能性。

不只是能力成长上的可能性,还有人品上的可靠性。你现在所受的指教,在未来你都能反哺给他。

蔡崇信当年愿意每月只拿 500 元的工资，加入阿里巴巴；"腾讯五虎"在马化腾四处碰壁时也不曾退出，都是因为在那时看到了他们在未来巨大的可能性。

而让人认可你人品的方法，简直简单到令人发指。李笑来曾在《财富自由之路》中分享自己遇到贵人的 12 个原则，这其中有 6 个非常关键：

1. 乐观，有素质，尊重他人
2. 让人能看见你一直在进步
3. 不主动给别人添麻烦，制造负担
4. 不耻于请求别人的帮助，但会记别人的好
5. 会发自内心地为别人的成绩感到高兴
6. 有自己的目标，让人在你身上看得到未来

看，是不是简单得要命？根本就没有玄机可言。

但如果你真的可以做到其中四五点，你就可以不断遇到各种各样愿意主动帮你的人，撞上一般人碰不到的红利机遇。

05

看到这里你可能已经明白了，这篇文章看似是在教你"让别人心甘情愿地把东西教给自己"，其实都是需要你"靠自己"。

若你仔细观察，身边愿意将自己的学识相授与人的，并不在少数，死活不肯透露一点儿的，倒是少数半瓶水响叮当的人。

大部分真大佬将所学相授时都不会带着很强的功利心，相反，

带有很强功利心的人无法真正地踏实学习并吸收大佬的知识和经验，才会被"拒之门外"。

当你想让别人心甘情愿地把他所学教给你时，先想想，你会心甘情愿地把自己所学教给什么样的人。

做了伸手党也要记得把手伸回去，当然，伸回去的手得揣着点儿东西。

查理·芒格说：我的剑，只传给能挥舞它的人。

希望你让自己成为一个配得上的人，也希望你能遇到那个让你心甘情愿教东西的人，共勉。

"配得上"的潜规则

我的剑，只传给能挥舞它的人。

02 汲取黑色生命力：人是怎么变强的

在小说、话剧和好莱坞电影中，有一种被广泛应用的叙事模型，叫作"英雄之旅"，它是由美国学者约瑟夫·坎贝尔提出的一套模板，讲述的是一个普通人面临挑战，历尽艰辛，最终蜕变为英雄的故事。

在英雄之旅模型中，有一个决定了剧情是否有说服力与避免主角光环过度支配的环节，叫作"严峻的考验"——此环节中，主角必须面临某种严峻的、有颠覆性的考验，可能是面对敌人力量压制的濒死体验，亦可能是挚爱之人（一般都是导师和亲人）的逝去。

如《狮子王》中，小狮子辛巴的成长蜕变来自刀疤将父亲木法沙推下了悬崖；《小丑》中亚瑟的成长蜕变来自他得知自己悲惨的真实身世，捂死了自己的亲生母亲；《黑客帝国》中，尼奥的成长蜕变来自人类反抗组织内部叛徒告密，黑客帝国特工攻击，盟友死伤惨重与墨菲斯被抓。

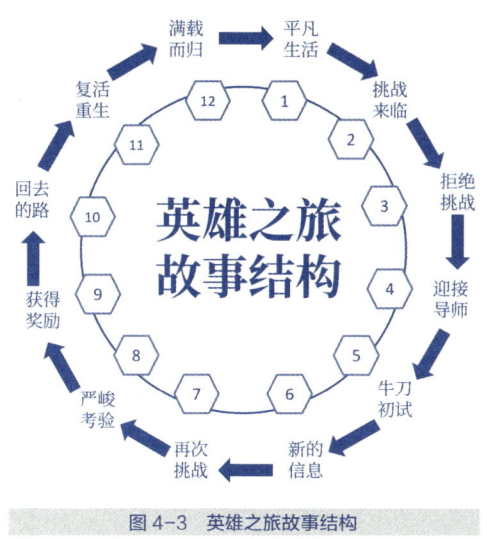

图 4-3 英雄之旅故事结构

从《星球大战》到《黑客帝国》,从《绿野仙踪》到《爱丽丝漫游仙境》,从《勇敢的心》到《阿凡达》,从《阿甘正传》到《遗愿清单》,无不需要先令某个主角在绝望的处境出现,才能使其潜力觉醒从而推进故事向高潮发展,乃至浴火重生。

或许你会怀疑,电影如此设计的动机纯粹是为了票房和口碑,但事实上,一切虚构作品的灵感往往都取自真实生活,才能在屏幕上将之合理化地夸张和呈现。

01

抛开套路化的电影剧情设计,我们再来看看现实中的"英雄之旅"如何呈现。

明尼苏达大学发展心理学家、临床医师诺曼·加梅兹(Norman

Garmezy），在他四十余年的研究中见过数以千计的孩子，而其中有一个男孩得到了他持续多年的关注。

他认识这个男孩时，他9岁，有一个酗酒的母亲，没有父亲，常常吃不饱饭。尽管家境如此，这个男孩却始终在学业、人际、心理健康方面都表现良好。

在很多年的时间里，加梅兹寻找那些处在糟糕的处境中，有很大概率成为问题少年，实际却成长得令人骄傲的孩子。加梅兹说，他们"尽管经历过异常困难的处境，却不断走向成功、不断获得超越大多数人的优秀"。

这些从现实困境中挣扎而出的人，远没有好莱坞英雄之旅的主角那样耀眼，但仍然有其特殊之处——在人生所面临的严峻考验中，在我们几乎从未注意过的某个黑暗的心理角落，有一种特殊的生命力在他们的心中慢慢生长。

有一句话，我在第一次看见时就深深共鸣了——

"每个优秀的人，都有一段至暗时光。"

02

在许多人眼中，成功的人的成长路径都是这样的：从小学一路学霸到顺利保送研究生，从小员工一路打怪升级到副总裁，人挡杀人，佛挡杀佛，雷厉风行见招拆招。厉害的人就该从小厉害到大，逆袭只存在于地摊小说中。

这是很多人都会有的一种线性思维，即觉得身边的一切都是按照一种直线的、单维度的、均匀不变的方式运行着，并且试图用简单明了的因果关系，来理解复杂的现实系统。

这种线性思维来自一些我们生活中惯性的思考习惯：

因为一斤苹果五块钱，所以买三斤要付十五元；

因为孩子考试前一周打游戏结果考砸了，说明打游戏会影响学习；

因为10个人能顺利完成一个小项目，所以只要增加足够多的人手就能完成一个大项目（然而现实会狠狠打脸）；

人需要安全感，为了追求对生活的掌控感，人会习惯于将因果简化，甚至自我欺骗。

但做什么都采取线性思维，往往也会将我们导入一些更深的误区之中。

我现在学习成绩不好，所以步入职场后，我肯定也是默默无闻地当螺丝钉。

我过去谈的三次恋爱都遇到渣男，我就是个渣男收割机，以后还是别谈恋爱了吧。

不会吧？他高中学习成绩那么好现在才月薪三千？

试图用过往的简单经验，预测复杂的未来，将多元化的问题强行一元化——这就是线性思维的体现。

用图像来呈现的话，拥有线性思维的人往往把人生曲线都想象成了一次函数，认为其人生发展就是一条笔直的直线。

然而，真实的世界并非如此。

因为在真实世界中，绝大多数人与事的发展都不是"线性"的，生活中绝大多数系统都是复杂的非线性关系，万物皆有联系，世界是纷繁复杂、相互作用的。生活充满了转折和变数。

今天你刚中了 500 万的彩票，结果出门就被车撞了；今天你刚求婚成功，婚礼那天老婆就上了前男友的保时捷。小说的灵感往往来源于生活，但现实远比小说要精彩。

单单几个经验是没办法得出客观规律的，许多事情性质都不一样。就像水一百度会开，人一百度会死。

总之，每个人的人生函数都不可能是一根直线，而是一条曲线。也许是一根不断震荡的 S 形曲线，也许是一根上下波动的波浪线，还有可能是一个剧烈滑落，然后再迅猛增长的曲线。

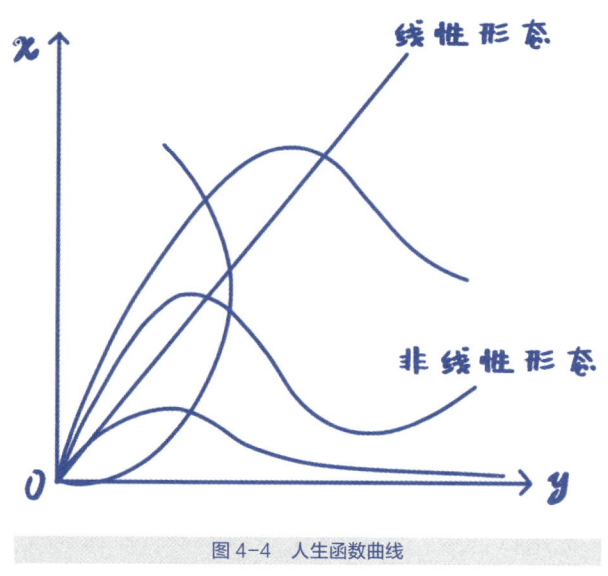

图 4-4　人生函数曲线

而几乎每个人的人生曲线，都无可避免地有过至少一段"剧烈滑落"的区间，那就是每个人都必然会经历的"至暗时光"。

03

强大的人就诞生于此。

在这段剧烈滑落的波谷中,有人爬了上来,有人却再也没有,他的自信与勇气在被"至暗时光"彻底击碎后,就再也没能回来。在这里,他需要经历的远比他尚未成熟的心灵想象的更多,比如,世界观的重构,三观的崩坏,不公平的碾压,自我怀疑的低谷……

但如果存活于此,就会得到一种"黑色生命力"(black vitality)。

> 黑色生命力:经历过巨大的压力、逆境或创伤,并渡过、幸存下来的人,最终展现出来的一种力量。

它是在人不断地被痛苦压倒在地,又不断地翻身给予反击,是在这个互相搏击的过程中获得的一种更加旺盛的生命力。

这种黑色生命力会扩大人的情绪体验:

经历过重大创伤的人,除了日常的喜怒哀乐之外,他们还体验过极端的负面情绪,因此比一般人拥有更复杂、更广泛的情绪体验,他们能感受到相比普通人更多样的情绪。

而同时,他们能对负面情绪有更强的理解和处理能力,面对那些会让从未经历过重大创伤的普通人崩溃的情绪,他们更加懂得如何与这些悲痛、失望等负面情绪共存,乃至治愈自己。

心理学家阿鲁斯(Arous)等人研究发现,痛苦的人比快乐的人共情能力更强,更能真切地对他人的情绪感同身受。

这种黑色生命力还会加深人的认知高度:

在认知方面，他们会有一种对复杂现实的认知和理解能力，对真实世界的狗血和魔幻，他们的认知会高于一般人。人在第一次面对自己难以理解的、和自己固有认知相悖的现实时，总是最痛苦的。

而他们在经历创伤的过程中早已承受了这种不一致。他们能够接纳现实的矛盾性，思维不再非黑即白，对复杂的状况能够随时做好准备。

像"世界上我最爱的人却抛弃了我"，"我这么努力了却还是没有回报"等，这种换一般人可能会哭天抢地的事情，他们不再会太过意外。

他们更懂得从不同的视角看待现实。当别人都在抱怨"为什么是我"的时候，他们已经能自我安慰："为什么不能是我？"

所以拥有黑色生命力的人在面对不可控的变数，面对未来挫折时几乎是无敌的，说得中二一点，他们就像是"从地狱回来的人"。

当然，在经历创伤的过程中，他们也曾感到绝望或愤怒，但最终他们的生命还是消化了这种不一致和它所承载的情绪，也形成了更加多元的价值观，为再次迎接世界的复杂做好准备。

因为，在度过创伤的日子里，他们体会到自己比想象中更强大，更相信自己是可以依靠的。小说中那些"将自己从黑暗中拉出来的恩人"真的都是稀有情况，其实只要经历过一次，你就会发现唯一能拯救自己的只有自己。

这个过程中，人的自我效能感与价值感会提升，只有这些才能成为支撑人度过人生中更多坎坷的力量。

04

那么，如何才能获得这样的黑色生命力呢？

1. 接纳自己的一切极端负面情绪。

陷在低谷中的人经常反反复复地说同一句话，"一切都是我的错"，"如果我没有……就好了"，这本质上都是一种逃避痛苦的体现。

但你必须接纳这样的痛苦，不要厌恶和躲避自己的极端负面情绪，难过时要理解自己在难过，最好可以大哭一场。比起压抑自己，拥有黑色生命力的人会选择承认自己在面对创伤时所感受到的种种情绪，允许它们存在。

只有先接纳你的痛苦，你才能有机会与它和解。

2. 不要给自己贴标签，进行积极的认知重评。

在自我怀疑的过程中，你可能会不自觉地给自己贴很多标签，比如：我是个很自闭的人，我什么事都做不好，我没有人喜欢……

停！当你意识到你开始通过一件事情全面否定自我的时候，就要打住，并且要不断找证据推翻这个标签，比如：真的吗？真的从小到大没有任何一个人愿意和我做朋友吗？我真的从来没有在人前主动说过一句话吗？

你会发现你能找到许多证据去推翻这个标签，在你抛开了自己所想象的糟糕标签后，就可以开始进行积极的认知重评了。

心理学家指出，认知重评是"控制和管理艰难情境"最有效的策略。你应该抛开感性，站在第三者的视角去分析这件事的影响，在不否认这件事本身的悲剧性的前提上，努力以积极的方式思考自己从这段经历中获得了什么。

3. 建立愿景，相信自己的痛苦是有意义的。

有些东西在顺境中是无法感知到的，只有在逆境之中，你才会真正认识自己，看清身边的人。这种认知上的提升，是真正的财富，虽然是用痛苦换来的，但可能比以前你得到的任何经验和技能都更有用。

人其实并不是害怕痛苦，而是害怕毫无意义的痛苦。当人在经历一件事感受到煎熬时，如果能懂得这件事的动机和意义，其实就不会那么无法接受了。此时你要为自己建立一个明确的愿景，比如"三年后想成为一个什么样的人"，然后再评价这次逆境在你实现愿景的过程中所处的位置以及带来的意义。

经历痛苦时，如果将注意力全都放在了对现状的影响之中，就会越发自怨自艾、难以自拔。但如果能将目光与注意力投射在"愿景"上，就会发现人生的崭新意义与机会。

所以，要相信你经历的一切痛苦都是有意义的，它能够让你获得穿越逆境的黑色生命力，让你变得更加有韧性，更加坚强。

05

在许多被誉为神作的作品之中，我们往往会感觉其中的反派更加有魅力，一些把人物塑造得丰满鲜活的作品中反派的人气居高不下，甚至超过主角。

缺乏逻辑、用力过度的正义感，强行正确和圆满的幸福结局让人觉得反胃。而面临绝境的两难选择，摇摆不定的人性矛盾，从失败和创伤中苦苦挣扎后的蜕变，才更加吸引人。

人往往不会对一帆风顺的主角产生共鸣，但会对用尽全力却又一败涂地的创伤感同身受。

只有创伤才会让人印象深刻，曾经经历过的创伤会形成一道伤疤，它同时也是一枚勋章，提醒着你曾经有过的抗争以及最终取得的胜利。

请相信，面对黑暗，你仍然有穿越它并获得力量的勇气。

汲取黑色生命力

伤疤亦是勋章,面对黑暗,
你仍然有穿越它并获得力量的权利。

03

压力的反转审视：
将压力巧妙转化为动力

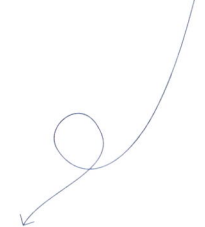

"最近压力太大了。"

这是近几年都市快节奏生活中我们最常听到的一句话，现代社会的青年人，无论是在工作、生活还是学习上，都面临着各种各样的压力：亲密关系、买房、升职、教育……如何与压力和谐共处，也成为了大多数人想解决的问题。

01

在大概一年前，我也一直觉得压力不是啥好东西。

那时正值我的毕业答辩期，我每天焦头烂额，又要做毕业设计，又要运营自己的知乎号和公众号，每天只睡5个小时，时刻处在高压状态之中。

那段日子简直让我得了压力PTSD（创伤后应激障

碍），对它避之不及。从生活心态的角度来说，压力除了让人焦虑无比，容易分心，只想沉迷娱乐的快感逃避现实以外，就没什么正面感受了，几乎是百害而无一利。

从医学角度来说，压力还会刺激皮质醇等对身体有害的激素分泌，让我们容易变胖，心情变差，甚至还更容易长痘和失眠，以及出现免疫力下降、失眠、胃溃疡、偏头痛等一系列问题。

==当时我的切身体会就是压力简直是世界上最糟糕的东西，没有人会喜欢它。==

于是我暗中发誓，结束后一定要好好享受几天完全没有压力的生活。答辩完的那一天，我马上买了一堆零食，回寝室就把自己往床上一摔，发誓不躺一星期绝对不起来。

第一天：躺着真舒服，奶茶真香，我可以这样宅一辈子。

第二天：真闲啊，什么都不用干，这才是在享受人生吧。

第三天：游戏打腻了，剧也追完了，我怎么感觉有点儿无聊？

第四天：……我笔呢？我单词本呢？

就这样躺了四天后，我对压力的态度都有了一个整体改观，我发现，我居然是需要压力的。或者说，完全没有压力的日子，其实并没有我想象的那么好，最舒服的也就头两天而已，而之后接踵而来的则是对生活掌控力的丧失，不自律、堕落、空虚、迷茫……

这点你也应该深有体会，根据微博数据显示，多数在校学生最开心的时间段往往不是在周末，而是周五放学后的下午。而放暑假也不可能开心整整三个月，往往头两个星期玩够了之后就会期待开学。

后来我发现这还真不是我的错觉，人真的闲不下来。学习 / 工作过的人应该都有过一个反直觉的体会：

其实手头有事的时候你并不会很不开心，但无所事事时引发的无聊和持续的堕落，才是最让人崩溃的。

因为进化不允许人闲着，远古时期住在山洞里的人类，就不得不时刻留意洞外的风吹草动，被驯化成熟的"警觉网络"迫使人对外界的一切动静保持敏感，睡梦中也要耳朵贴地掌控外界的声音信息，以让自己在严苛的大自然中生存下去。那时人类面临的是生存压力，非常残酷也非常直接。

到了文明时代，我们无须再风声鹤唳，但别人施加的压力、生活成本的压力、自我实现的压力取代了生存的压力，对入侵者的压力变换为被竞争者所超越的压力……

总之无论时代如何更迭，压力都始终伴随着人类的生命进程，让人无法真正的无所事事，总得给自己找点儿事做才能安心。

> "生活中最沉重的负担，不是工作，而是无聊。"
>
> ——罗曼·罗兰

02

只有"人"才需要压力。或者说，只要是"人"，就一定会感到压力。无论是这个月生活费不够花的，还是下个月花呗还不完的人，抑或是社会地位截然不同的人，即使操心的东西不一样，感受到的压力却是只增不减的。

> 心理学研究表明，有钱人操心自己的钱贬值的压力，与穷人焦虑自己赚钱少的压力如出一辙，乃至更甚……充分说明了有钱人也不是能心安理得享受快乐的。

也不是只有坏事才会引起压力，好事也可能会让人感到压力，因为你可能觉得自己还没准备好去应对它们。比如谈了恋爱会担心另一半不够爱自己，找到工作了会担心自己不够优秀无法胜任，升职加薪后又担心会有小人给自己设套等……这些都侧面反映了压力是无法被驱逐的。

但压力对我们而言也是重要的，正因为世界中的不确定性太大，压力有利于锻炼我们的心理弹性，让我们在遭遇黑天鹅（"黑天鹅事件"，指非常难以预测且不寻常的事件）或者人生的重大变数时，不至于仍然沉溺于温水而毫不自知，也不会因为无所适从而崩溃。

2008年汶川地震的时候，当所有试图救援汶川的物资都堵在都江堰等待前方道路开通的时候，某公益基金会评估了山体崩塌之后难以开通的可能性，选择了一个4倍里程的线路，由一名当地的喇嘛押车，绕夹金山、马尔康反向行进，结果成了第一批进入汶川县城的民间救援物资车辆。

都江堰—汶川道路的开通实际是在地震发生后的第79天，这条4倍里程的"满意解"，最终成为了汶川的生命线。

如果你读过《波斯尼亚生存报告》就会知道，在最极端的情况下，对压力感知力强、有危机意识的人生存概率会远高于没有危机意识的人。

这就是塔勒布所说的反脆弱性：

> 有些事情能从冲击中受益，当暴露在波动性和随机性、混乱和压力、风险和不确定性下时，它们反而能茁壮成长和壮大。

我们可以得出一个结论：压力是人的特权，也是人的 VIP 成长通道。

无论多么坚固的建筑，如果天天日晒雨淋，再来几场地震，像这样施加的压力越多，那它就会越容易倒塌。而且每次的压力所造成的影响，都会和下一次的压力联动，再造成更大的裂痕。

对无机物来说，哪怕每次只有一点儿压力，它都更容易被摧毁。但神奇的是，对人来说，偶尔来点儿压力却能够增强生命力和活力。当然不是持续性且强度很大的压力，是偶尔的一些压力。而每次的压力过后，都会形成对下一次压力的适应性。

就像我们只吃钙片对骨头加固作用不大一样，我们还需要跑步和其他锻炼，定期对骨结构施加一点儿压力，骨头才能变得更强韧。锻炼肌肉也是，我们要每次举重举到肌肉酸痛，肌肉纤维撕裂后它才能生长。

压力能够促使人完成许多闲暇时无心去完成的工作，甚至有一部分人还会刻意拖到 deadline 前几天才开始工作，因为享受压力所激发自己潜能的感觉。著名记者马克斯·黑斯廷斯还曾戏言：

> 英国人头脑最好用的时候，就是快要来不及的时候。

同样是压力，对人和对物，却产生了截然相反的效果。科普作家李少加对此总结了一个规律：

> "死物"（无机物）在压力下，只会加速消亡；
> "活物"（有机物）与压力的关系，却颇为微妙。

微妙之处就在，对人来说，压力很多时候是一把双刃剑，它既可以摧毁一个人，也可以成就一个人。

图 4-5　压力是一把双刃剑

03

其实压力本身是无谓好坏的。真正影响我们的，是我们自身对压力的解读和态度。

真正有害的并不是压力，而是"压力有害"的思维。

有研究显示，相信压力有促进作用的人，比那些认为压力有害的人，更少抑郁，对生活更满意，更有活力，更健康，更快乐，还更高产……

所以压力虽然是让人心情变差或者效率变低的导火索，但不是根本原因。

就好比，钱是很多人的犯罪动机，但不代表钱就一定会使人变坏。钱也可以被拿去做慈善，或者做一些不影响他人却让自己开心的事情。

心理机构号 knowyourself 说，引起压力的不是情境本身，而是人们对这种情境的解读。也就是，你怎么看待这个感到压力的自己。

举个例子，比如你的学校下个月要派你去做一场英语演讲。

但你从来没有在大众面前说话的经验，更别说要说外语了，于是你感受到了压力，不过不同的人对这种压力情景的解读是不一样的。

一部分人感受到的压力是："怎么办？我从来没演讲过，我肯定会丢人的，以后我还怎么在班里混，不去行不行啊？"

——在这种情境下，他感受到的压力源就是"会丢人，混不下去"。于是他会百般拒绝，坚决不上。

但也有一部分人感受到的压力是："怎么办？我从来没演讲过，如果我不趁早练习做准备就完了，看来最近晚上不能打游戏了。"

——在这种情境下，他感受到的压力源就是"不练习不行了"。于是他会起早贪黑地练习英语口语，为了上台那一刻的光辉而准备。

所以本质上"感到有压力"，其实只是一种主观的心理状态。单纯的一个陌生的有难度的事，并不是压力。只是如果你害怕它，控制不住它，那你才会感到压力，因为你从它身上感受到了"威胁"。

而当你将之视为一个挑战、一个试炼时，压力反而会成为一种内驱力，你会跃跃欲试热血无比，因为你从它身上感受到的是"机遇"。

不过很神奇的是，当你真正站上台的那一刻，反而没有压力了。压力已经完成了它的使命——让你放弃或上进。

> 心理学家理查德·拉扎拉斯（Richard Lazarus）认为，压力好坏与否，和具体的压力源无关，而和给人带来的影响有关。

不是所有的压力都是坏压力，如果一种压力能使得某个人成长，那么对这个人而言，这份压力就是好压力。

> 凯利·麦格尼格尔在他的新书《自控力：和压力做朋友》中告诉我们，压力并无好坏，关键是如何看待和处理它，压力可以帮助我们更好地面对工作和生活。

04

以上是认知价值铺垫，你也可以试试其他几个帮你缓解压力的小方法：

1. 与压力和解。

之前有人问我："柴桑，你第一次去演讲的时候有压力吗？也会紧张吗？"

我说："这不是当然的嘛，我肯定会紧张啊！"

他又问："那你是怎么克服紧张，演讲时发挥得那么好的呢？"

我说："接受我会紧张的事实。"

是的，接受你会有压力，接受你会紧张和焦虑的事实。

面对压力时，你不能总想着"这样不行，我不能紧张不能紧张"，而是应该坦然地接受"我正在紧张，但这很正常，这场面是个人都会紧张吧"。负面词汇的出现会在脑海中形成一定的暗示效应，哪怕是你反复告诫自己"不要紧张"，但大脑会更倾向于抓取

"紧张"这个关键词,让你变得更加紧张。

著名的白熊效应也是如此,它又称为反弹效应,源于美国哈佛大学社会心理学家丹尼尔·魏格纳的一个实验。他要求参与者尝试不要想象一只白色的熊,结果人们的思维出现强烈反弹,大家很快在脑海中开始想象一只白熊。

永远不要试图做欺骗自己的事情,对压力也是如此。想要与什么和解,唯一的方法就是坦诚。

2. 消除压力最好的方法是面对压力。

当人在面对压力的时候,往往会有两种反应:进攻 or 逃跑。

当面对挑战时,如果你只关注自己会失去什么,那你就会想要选择逃跑。此时的压力对你来说就是洪水猛兽,能躲多远躲多远。但如果相比失去什么,你更多地去关注自己会得到什么,那你就会想要正面迎上。此时的压力对你来说就是一股动力。

所以虽然我们没办法彻底赶走压力,但面对压力,我们仍然是有选择的权利的。

你可以选择你对压力的态度是什么,你是要进攻还是逃跑。

身体和大脑都会在压力中有所学习,就像疫苗接种一样,每经历一次压力,就相当于给你的大脑注射了一个压力疫苗。所以任何人只要克服过一次"未知的困境",硬着头皮去做一次,就能彻底改变自己的心态,从中获得挑战陌生领域的勇气和信心。

比起那些因为压力而一次次逃避的错失机会的人,那个选择一次次迎难而上的你,才会在不断地突破自我中,获得更加丰满的生命体验。

3. 把固定型心态切换为成长型心态。

在成长过程中，人们会逐渐形成两种对自身特质的信念：

第一类人相信自己的种种特质，例如人格、智商、身材等，都是固定的无法改变的。除了天赋以外，世界上不可能存在真正能够提高他们智力和能力的方法。这个叫固定型思维（fixed mindset）。

而另一类人则相信自己的特质是可变的，它们会随着自己的经历、学习、思考发生变化，也相信自己的知识、智力可以随着时间和经验的积累而增长，认为自己可以通过努力来提升自我，掌握新技能。这叫作成长型思维（growth mindset）。

这是斯坦福大学心理学教授卡罗尔·德韦克（Carol S. Dweck）在她的著作《终身成长》（*mindset*）中首次提到的概念。也推荐你去看看这本书。

给你举几个例子对比两种心态的差异：

放弃（give up）

I give up——我放弃了。

I'll use some of the strategies I've learned——我得试试我学过的（别的）方法。

把思维从"我的能力达不到，只有放弃了"，换成了"问题没有方法多，此路不通，换个方法就好了"。

错误（mistake）

I made a mistake——我犯错误了。

Mistakes help me improve——犯错能让我变得更好。

把思维从"我做错了，我很沮丧"换成了"虽然这次错了，但以后我就知道这么做是错的，又掌握一招，棒！"。

困难（hard）

This is too hard——这太难了吧。

This may take some time and effort——我可能需要更多的时间和精力才能搞定。

所以固定型思维，成功来源于结果，用结果来证明自己的天赋和能力。而成长型思维，成功来源于尽自己最大努力做事，并且感受到学习和自我提升。

在成长型心态之中，压力成了一块试金石，拥有这种心态的人坚信磨砺使自己变得更加强大，于是他们会更加主动地拥抱压力，再将之转化为自己成长路上的动力。

4. 寻找下位替代方式。

绝大多数人的压力，都来源于对目标过高的期望设定与自我当下能力的不匹配。即过度高估自己后所感受到的现实落差。

比如人人都想实现的财富自由、环球旅行等，这是过高的目标期望，而当下的自己很可能正在"996"或者面临着一次棘手的毕业答辩。所以在为自己的理想或目标感受到压力时，就要去思考：这件事情有没有下位的替代方式？我能不能现在就开始动手？

环游世界的下位替代方式，可能是先攒一点儿钱，花两个月走遍国内所有城市。之后再考虑继续工作，为下次的东亚、欧洲之行攒经费的事。

实现财富自由的下位替代方式，可能是先开源，学一点儿理财，让自己每个月有几百块到几千块的复利收益。再节流，省去自己每天不必要的开支，比如自带茶叶泡茶来代替星巴克，早起半小时用坐公交代替打车。之后再考虑升职加薪月入几万的事。

有理想与期盼是人之常情，但当我们还没有到那个阶段的时候，就要先想想当下手头能做的事情，把一个大目标拆解为多个下位替代，才不至于陷入望梅止渴的焦虑之中。

最后，你可能还会问，还有另一些自己无法控制的压力源，比如天气、颜值、世界末日、女神/男神的拒绝等，怎么办呢？

你既然都控制不了了，那自然没必要再去想。做好自己能做的事情，抛却那些自己控制不了的事情，管好当下的自己，就这么简单。

05

最后想跟你说，真的别觉得压力是很糟糕的东西。

有压力时很难熬，但你不妨想想如果彻底没有了压力时人会是什么样子。

我们可以用一个极端一点儿的例子类比：死亡和永生。

这是一个经久不衰的题材，但无论哪类作品，最终都会以寻求死亡为出口。

慵懒无趣的神明饱受永生的痛苦，永生的吸血鬼会为了求死而寻找一枝剧毒的玫瑰……

当然，咱们不用讨论得那么深刻，但我想你应该能理解这句话：正是死亡赋予了时间的意义。

因为死亡，我们才会珍惜时间，想要活好当下。

我们害怕压力，而死亡又何尝不是一种被一辈子时光稀释了的压力。但我们总不能因为畏惧死亡就不去专注当下，就不去思考与创造，不去追求所爱所想。死亡无法回避，压力亦然，所以，与压力和解，也与自己和解，不用消除，而是与它共存。

快乐与压力都是这个世界加于我们身上的属性，也是我们注定要接纳的部分，从某种意义上来讲，对抗压力，其实就是与它真正地握手言和，再不逃避。

压力的反转审视

死亡亦是被稀释的压力,
与压力和解,享受与它共存。

04

流体的世界：
用演化工具箱适应这个多变的社会

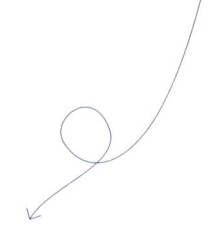

2020年是近二十年来最不平静的一年。

先是澳大利亚野火，又是新冠疫情，再到科比去世，许多人通过这场突然的开局，都或多或少感受到了世界的复杂性、多变性。

但2020年，不只有意外的黑天鹅，也有藏在混乱中的人生金手指。这也是今天想要为你介绍的"演化箱"思维——如何从容地应对这个复杂世界的变化与趋势？

01

这个世界一直是有突变性和复杂性的。但它对外呈现的环境状似平和太久，以至于许多人都认为，大环境是基本稳定的，就算有意外，也是可观察、可预测的。

上一次大事件还是2003年的非典，人类社会的翻天覆地好像都该以十年或百年为单位，总感觉距离现在的我们应该非常遥远。于是当 2020 年开端的一系列事件后，世界突然翻了个脸，许多人都被震蒙了，纷纷想 TD（退订）2020。

当然不是世界突然变流氓了，它只是将自己原本的复杂性本分地展示了出来。

人类作为一个智能物种，也背负了许多身为人的诅咒——比如会刻意寻求控制感、稳定性等。我们喜欢用当下的状态替代未来的状态，喜欢用当下的发展衡量未来的进步，我们倾向于相信世界会稳定变好，而非突然变坏。

小时候我们被问到"十年后你想成为什么样的人"，我们总是能想到许多答案，做许多规划。但若是现在再被问到"十年后你会成为什么样的人"，似乎一时无法想象，也不敢想象。

因为我们这个时代，早已不是一个能够轻松看到未来十年、二十年的时代了——它充斥着太多的不确定性和多变性，让人无法预料。

腾讯做战略从来只看三年，为什么？因为三年后的未来，没有人能看出来。我所任职公司的 CEO 也感慨过："按季度做规划的公司，不适合做互联网。"

曾经的人工作都追求稳定，但 2017 年时，许多招聘平台的报告就提到：90～95 后职场人士的平均跳槽间隔，已经降低到不足一年。而不久前的大裁员潮也很喜感地揭示出：几年前，招人招得多的 HR 吃香，现在，辞人辞得多的 HR 吃香。

仔细回顾对比一下，还真是挺反直觉的。

但这也就是世界的真面目：复杂、多变，无法准确地被预测和观察。

02

有一个有趣的学科——《系统科学》，是专门用来研究这个复杂世界的。

> 系统科学是近代才发展起来的交叉性学科，研究系统的结构与功能关系、演化和调控规律的科学，它以不同领域的复杂系统为研究对象，从系统和整体的角度，探讨复杂系统的性质和演化规律。

系统科学这个概念，在20世纪20年代由奥地利生物学家路德维希·冯·贝塔朗菲率先提出。作为学科，它是个内容非常广泛的跨领域学科。如果说近百年来，物理界最大的两栋楼是宏观的相对论和微观的量子力学，物理学家们都致力连接这两栋大楼，那么在工程和科技发展中，你看到的三座大厦——互联网、自动化、计算机和人工智能，它们的地基就是系统科学。

之所以会提出这个学科，也是因为人类才刚刚意识到世界真正的运作逻辑，发现了世界的复杂多变性，以至于靠单一的学科知识来研究已经不管用了，需要用跨领域的、交叉的知识才能有解。

近五成的大学生毕业后都不得不跨领域就业，这个时代又发展变化得太快，互联网的认知刚刚建立，结果"互联网+"就迅速普及到各行各业，它还没有完全得到大家的彻底理解，人工智能就已经到来。

在这种情况下，学生们明显感觉到，自己在学校学会的垂直单一的知识，明显对这个复杂的世界不管用了。

比如几十年前的数学老师，他的确只用把一门数学钻研透就好了。但今天这个复杂世界的数学老师，不仅得会数学，还得懂点儿心理学，懂点儿管理学，懂点儿设计审美，如果是线上课程，那多少又得学学营销和运营。

能把这些跨领域的知识结合起来用好，才能成为一个五星好评的现代数学老师。还只会数学的，往往只能去当教学化石。

所以，如果世界变复杂了，那我们也需要一套应对复杂系统的思维方法，不然随时会被时代的浪潮淹没和淘汰。

当然，我们不用去学系统科学，这个东西现在还处在洪荒时代，普通人想去开荒显然不太现实，所以这里就先告诉你一个简单且实用的思维：演化箱思维。

03

众所周知，鸟会飞是因为它们有翅膀。

关于鸟如何进化出翅膀，一个有趣的假说是树栖说，简单说来就是某恐龙先上树，然后逐渐在树—树、树—地面之间进行短距离跳跃滑翔，有益于逃避敌害和捕食。

而更长的前肢羽毛又有利于滑翔，因此经过选择，前肢飞羽越来越长的性状就保留下来，学会飞行，然后就变成了鸟。

这就是一种"演化"的过程。

1859年11月24日，查尔斯·达尔文发布《物种起源》轰动全球,一个新概念"Evolutionary theory"来到我们的世界,在中国,它被翻译成了进化论,亦称"演化论"。

进化和演化,还是有一些微妙的区别的,进化是有明确目的的,演化则是随机的。演化也不只是生物之间才发生的,不是只有水里游的演化成地上走的才算,比如科技也会演化。

比如计算机的演化,从最早的大型机,到后来的个人电脑,再到笔记本电脑,再到如今包里的pad、口袋里的手机……

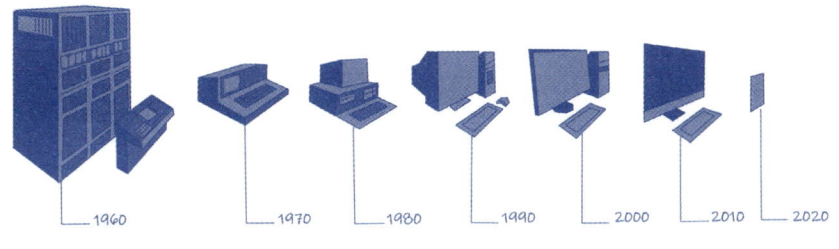

图4-6 计算机演化图

演化也永远不会有尽头,不是猴子演化成人,猴子的演化就结束了,因为人的演化才刚刚开始。

> 在大自然的历史长河中,能够存活下来的物种,既不是那些最强壮的,也不是那些智力最高的,而是那些最能适应环境变化的。
> ——《达尔文自传》

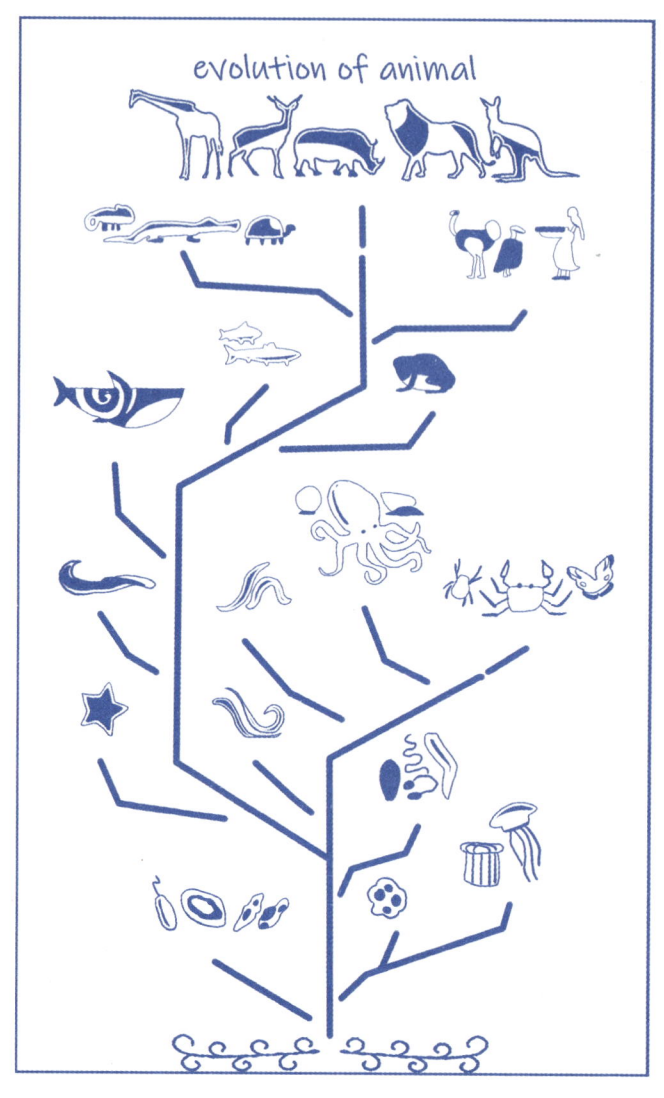

图 4-7 生物演化图

如果说进化是朝着某个理想中的状态改变，那演化就是跟随环境随机变化成自己也想不到的样子了。而对我们来说，现在这个复杂世界的可预测性极低，任谁也料不到未来的自己是什么样的，需要具备什么样的生存能力。所以"演化"很能解释现代生存模式。

它有一个绝对优势：演化天生就与不确定性为伍。

恐龙曾经是地球的霸主，当极度弱势的哺乳动物如今一跃成为世界的主宰，这谁之前也不敢想。许多看着就像奇迹的事情，其实是时间的复利和顺应环境变化的自然结果。

有一万个不确定性就代表你有一万个进化的方向，我们已无须为生存而小心翼翼，这一万种选择你都可尝试。你只需要一个个解决掉眼前的问题，反复试错，总会有那么一次，你就刚好得到了最有竞争优势的那个性状。

所以，当你对不了解、不确定的未来感到迷茫时，就采取演化思维，先去把自己置身于一个有竞争力与挑战性的环境中，然后等着你的求生欲带你不断适应、演化、前进就好。

在这个"演化箱"里，包括了两个系统：

1. 情景理解（scence understanding）

有个词叫"三季人"。

> 有一天，孔子的弟子子贡遇到一个一身青衣的人，非与他争辩"一年到底有几季"，并且坚持"一年明明只有三季，不可能有四季"，孔子来了，说："对，是三季。"那人才大笑而去。
>
> 子贡迷惑，孔子说："你看那人一身青衣，应是蚂蚱所变，蚂蚱春生秋亡，哪里见过冬天？他根本就是个三季人，你和他讨论上三天三夜，也没有用啊。"

当这个世界的复杂性超过你的认知，就像世界在你眼前以一种无法理解的方式运转着，如果不能察觉，无法接纳，也不能透过现象看到本质，那你也是个现代社会的三季人。或者说，就和《哈利·波特》里的不会魔法的麻瓜差不多。

所以演化的第一步，是情景理解，你必须知道你处于一种什么样的环境中，你应该做何选择去适应环境。这包括两个步骤：

（1）保持声音开放，并客观理性地接收，不要被愤怒或狂喜等极端情绪冲昏头。

过度便利的互联网在特殊时期，助长了大量情绪性内容对我们大脑进行狂轰滥炸，此时能及时跳出情绪，客观审视自己当下的感受很重要。

你既要及时和外界保持距离，也不能和它切断联系，保证自己接收足够全面的多元信息，再用理性的大脑客观审视，才能稳稳立足于混乱的信息洪流，保持自己独立的判断。

（2）整合这些声音，判断当下环境为何，如果这些声音步调高度一致，就迎合，如果这些声音各不相同，就沉默。

当你通过开放的各声音渠道接收了足够多的信息，就需要去整合与辨别了。独立思考能力欠缺的人往往会陷入"金鱼记忆"，也就是前一秒接收的信息记忆，后一秒就被另一个更劲爆的信息取代，导致见一个，信一个，情绪极易被引导和点燃，从而失去客观判断、思考的能力。

但你把这些信息整合起来，就能明显地发现这些信息之间有矛盾或者相悖的地方，也有些高度一致的地方。此时你需要对自相矛盾的信息存疑，对高度一致的信息进一步求证，自然也就更容易摸索到真实可信的内容了，而在得到真相之前，沉默是金。

2020年疫情初期一片混乱，各种言论满天飞，今天刚通告明天又辟谣，那么你就要及时意识到你处在一个信息不再可靠的大环境中，要演化成"鸭子"，小心谨慎暗中观察，而不是演化成"大鹅"，逮谁咬谁毫无风度。

那时有一个很有趣的提问：当疫情通报结束，可以出门了的时候，你最该做什么？

其实不是喝奶茶也不是吃火锅，而是——继续在家再等一天。

不然万一又辟谣了呢？

2. 反脆弱生存（antifragile survival）

通过这次疫情，大家看见了人生百态，人间疾苦。虽说人生中的意外肯定会影响到情绪心情，但有一种情况下，人会直接崩溃，那就是生活支点单一，情绪抓手不稳固。

> 如果爱情是你的全部，那失恋就很容易让你陷入崩溃。
>
> 如果工作是你的全部，那失业就很容易让你陷入崩溃。
>
> 如果游戏是你的全部，那掉分也很容易让你陷入崩溃。

发现了吗？人之所以在应对复杂变化时很容易崩溃，是因为自己拥有的太单一了，当自己唯一拥有的东西受到波及，就会感觉天都塌下来了。这就是"脆弱"。拥有的东西太少太脆，导致极易破裂，进而影响人的稳固生存能力。

所以，我们都该学会"反脆弱生存"。增加你的人生支点，发展自己的兴趣爱好，不把希望寄托在一件事上。

> 如果你的生活圈很大，只要对象换得快，没有悲伤只有爱。

如果你同时做着一份副业,那失业就当是自己炒了公司。

如果你同时玩着王者荣耀、堡垒之夜、塞尔达,那掉分……好吧,还是很气,我一定要举报对面。

所以"反脆弱生存",你也要学会两件事:

(1)增加"支点",做着 plan A 的同时,发展 plan B,再酝酿一个 plan C。

每个人的人生都是多因素构成的,亲密关系、职业发展、个人成长、兴趣爱好等,但人的惰性本能地只倾向于做自己熟悉的那一件事。若是个人生活太单一,就像意志力只有一个支点,遭遇挫折时就会很脆弱。

建议用 ABC 三支点的方法,也就是,plan A 作为你现在带来稳定收入的本职工作,同时再用业余时间学习精进一个能带来附加价值的 plan B,将它作为副业培养起来,同时再寻找兴趣爱好利用空闲时间去了解和尝试,将之作为有发展潜力的 plan C。

(2)设置"灯塔",给自己设置一个长期目标,当被意外打垮或遭遇逆境,就看看这个灯塔,重新给自己指引前进的方向,不随波逐流。

面对一些意外的黑天鹅事件,许多人的现有计划都会被打乱,无所适从,或者干脆破罐子破摔,此时能够让你稳定下来,重回规律的就是一个长期固定的目标。

一个有长期目标的人的抗风险能力会更强,因为目标对你长期暗示,"现在的任何变动,都不应该影响我未来的人生计划",能让你很快清醒,从而调整自我状态,回归到计划好的路线之中。

拥有一个明确的长期目标，就相当于是获得了"内在稳定性"。

哆啦A梦就是"反脆弱"的典型代表，每次它遭遇危机的时候就在兜里掏啊掏，先拿出A道具来试一下，不行又掏出B道具。它的兜兜里不仅有plan A、plan B，还有N多种不同的道具，甚至还能组合使用。当然现实生活中，我们不是大雄，也没有哆啦A梦，我们只有靠自己。

04

之前我在一家互联网大厂工作时，他们衡量绩效的指标不是一般公司要求的KPI，而是OKR。因为互联网公司随时在错位改变，所以死板的KPI没办法用来工作，而是需要更加灵活、可变的指标。

KPI强调的是"要我做的事，定了就要一步步完成"，而OKR则致力于"监控我要做的事，只要能达成目的，管你怎么完成"。

换句话说，OKR就是演化后的KPI。

比如：

你想成为一个口才好的人，一开始你给自己定了OKR：每个月看完2本书，一年内看完24本书。

但半年后，你发现看书不如听演讲课，所以你把OKR改成了每天听两堂演讲课。

你想提升自己的英语水平，一开始你给自己定了OKR：每天背30个单词，一年掌握10000个词。

但两个月后，你发现背单词不如直接做阅读，所以你把OKR改成了每天做三篇阅读。

即使你并没有完成自己一开始制定的OKR，甚至还"半途而废"了，但其实，你仍然在不断地向你的目标靠拢。

同理，人生和未来这种充满变数的东西，根本不能定KPI，而应该定OKR。

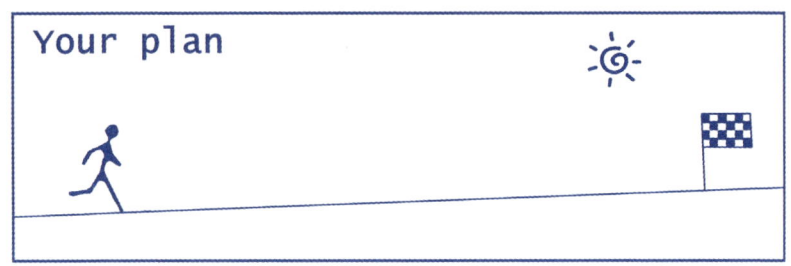

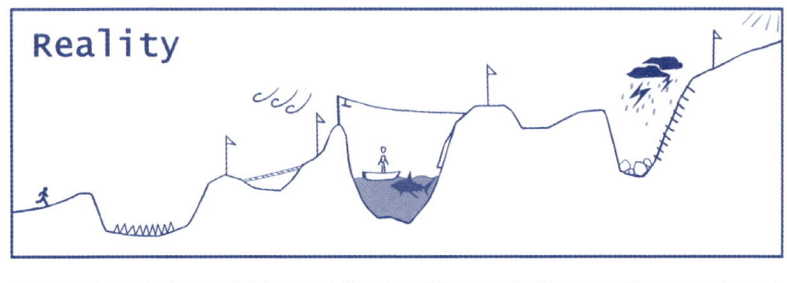

图4-8 计划与现实

05

现在已经不是那个"车马很慢，一生只够爱一个人"的年代了，现在是"稍不留神忘系安全带就会被甩出车门"的年代。如果想要适应这个复杂的世界，就要学会演化，如果想要学会演化，就要时刻摄取信息理解情景，同时保持生存敏感。

鸟不是为了飞才演化出翅膀的，因为人家当时都不知道飞是啥。

曾经的 papi 酱、半佛仙人也并没有想到未来会有短视频和公众号，更不知道"网红""大 V"这些词的存在。

但他们都做了一件事：“顺应时代变化，不断演化自身。”

这就是适应这个复杂世界的真谛。

找到一个演化箱

摄取信息理解情景,
保持生存敏感,顺应时代,演化自身。

第 5 章
CHAPTER 5
跳出时代的"缸中之脑"

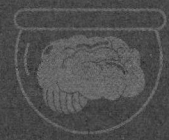

当下尚且明朗,但未来又将如何?最后,开启创造者视角,我们大胆地让想象力飞一会儿,预测了未来的 AI 将会对人类社会的影响。其实目前已经微有征兆,一部分人被解放了双手,另一部分人则被替代了大脑。

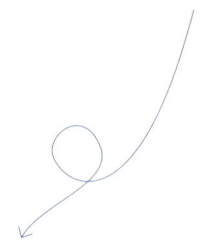

开启创造者视角：
重新理解与构造真实世界

> 人类发展史上，决定个体是否强大的关键因素一直在变化。
>
> ——《深度思维》

在原始的狩猎时代，为了躲避凶猛的野兽，部落中核心的人需要有强健的体格和迅捷的反应能力。

在平和的农耕时代，为了保证粮食的足量产收，村落中核心的人需要拥有较为丰富的农业生产经验，体力劳动仍然是主流。

在发展迅速的工业时代，机器逐渐取代了人的体力，最重要的东西变成了知识，社会中较为核心的人需要有基础的计算力和对稀缺知识的钻研力。

而在如今的互联网时代，数据流通平台崛起，知识早已不再稀缺，思维能力逐渐成为被人追捧的新晋热门，深度思维的能力成了个体崛起的关键。

这个时代的聪明人不再外显于体力。几乎每个人都转而开始好奇，那些受人敬仰的厉害的人，他们的思维和普通人有什么不同呢？

是他们的神经元比一般人更密集，所以更能够发散性思考吗？是他们的思想维度更加深邃，遇事总能比一般人多想几层吗？

还是单纯地智商比较高，脑洞比较大，或是天赋异禀？

我们首先需要排除一些消极的想法，即认为厉害的人的思考模式是先天获得的固有外挂。厉害的人的思维模式固然有些不同，却也是普通人可以后天习得的。

而我所知的厉害的人，他们分析起问题时都会运用到一种独特的思维——创造者思维（creator thought）。

而这章也将教你驾驭这种思维。

01

2020年有一部小说改编的烧脑网剧《隐秘的角落》很火，哪怕是对剧无感的我也没忍住，熬夜看完，当时和朋友交流了一下观后感，以下是没怎么过脑子的我们的聊天内容：

"开幕雷击，明天跟我一起去爬山吗？"

"转发这个朱朝阳，一个暑假不学习你也能考第一。"

"剧情太强暗线太强脑洞太强导演太强音乐太强了。"

但我和我旁边厉害的同事交流观后感时，她是这么说的：

"这部剧的节奏感安排得很有意思，在该埋悬疑点的地方猛设抓手,没有一个废镜头,伏笔都是连锁爆发的,而且你没发现导演特别会用蒙太奇吗?"

我:……

回头我仔细想了想,除了我表述的方式的确比较直观和没营养以外,其实这也彰显了我们两个不同的思维模式。我仅仅说出了我看完这部剧的感受,而她却直接点透了这部剧之所以让我产生这些感受背后的荧屏逻辑。

不过还好,我后面仔细想了想,发现这不是天赋智商的问题,只不过是我俩所代入的身份不同,从而导致看事物的角度与层次不同。

我们每个人在生活中其实都是消费者——

不是指局限于金钱的那种消费,时间、注意力的消费也算。

你花几十块钱买了一杯奶茶、一支口红,是金钱上的消费。

你花了两个小时去刷抖音、看电影,是时间上的消费。

你一边心不在焉地应付作业,一边兴致满满地和朋友聊天,是注意力上的消费。

你仔细想一想,我们的生活中是不是充满了各种各样的消费?我们在用金钱、时间、注意力去为自己换取一些物质、娱乐、人际关系。

明白了这点后,你就可以看出来:

我是站在"消费者"的角度去看这部剧的。而她却是从"创造者"的角度去看这部剧的。

02

生活中的每个人，都在不自觉地消费着。但只有极少数的人，会主动把消费模式切换成创造模式，即不仅会消费，还会主动去创造。

这就是一种"创造者思维"。它是指，不从事物表面去了解它，而是更深入地去透视，拆解它的内部，再重组，整合，回到它被包装和加工之前的原始状态的一种思维模式。这种思维其实就代表了一个不同的站位，不同的视角。

站在创造者的视角和站在消费者的视角，看到的东西是完全不同的。

举个例子：

许多游戏策划者往往都不怎么去玩自己所参与制作的游戏，也不准自己尚无诱惑分辨力的孩子玩。

游戏　马化腾（人物）

马化腾的孩子有没有在玩他自己开发的游戏？

感觉腾讯的游戏害人不浅，所谓的大佬不应该挣毒害未来的钱吧？可能他们会说我没强迫孩子玩呀，事实上这种根据人的心理弱点设计的游戏就像毒品或者说是精神鸦片。

就是想知道这些游戏的开发商、程序员和设计人员，有没有让他们自己的孩子玩这种东西。

请有良知讲真话的回答，受害者也可以谈一下感受！

关注问题　　写回答　　邀请回答　　好问题　　添加评论　　分享　　修改问题

图 5-1　知乎提问之一

因为作为游戏设计者，他们非常清楚怎么让人沉迷游戏，毕竟拥有百万玩家的数据，群众的偏好被大数据给算得明明白白，他们懂得在什么节点该给予什么强度的奖励，什么样的头衔能满足人们的虚荣心，什么视觉与打击特效能赋予人爽感与感官麻痹性。

新玩家首冲送礼包，签到满多少天抽奖送炫酷皮肤……站在消费者视角来看，这些花里胡哨的福利和奖品的诱惑性极强，让人无法抗拒。但站在游戏创造者的视角看，这些真正参与其中的人对许多商业游戏几乎是无感的。

他们很清楚：商业化的网络游戏，无不是为了让玩家沉迷后为游戏氪金而设计的。那些炫酷的皮肤和特效，在他们眼中只不过是一行行诱哄人深陷其中的代码而已。

可以说自从开启了"创造者视角"后，他们看待游戏的眼光就完全不一样了。或许在此之前他们作为消费者所想的还是："我要怎么通关？""怎么才能得到这个奖励？"但学习编程和制作，转变为创造者之后，他们往往想的是："这是怎么实现的？""这个动作特效用的是什么引擎？"

创造者面对一个游戏，往往看到的已经不是游戏本身，而是一行行脚本，一个个源文件，一个个条件触发器，各种函数的调用，图像算法的运算……

在这种情况下，人几乎是完全没有办法"沉迷游戏"的，因为你会习惯性地抽离出来，去拆解它呈现的效果和动作，思考它背后的结构、原理等等。

若是你学习了心理学或用户运营，那在游戏的某个奖励和引导背后，你也会习惯性分析这个机制这么设置的理由，它是想在哪个环节让人产生依赖，让人成瘾的。又是如何诱导用户每日登录，往里氪金的。

在我没考上营养师之前,我非常喜欢吃甜食,每天不喝 2 杯奶茶就不舒服,我一直强迫自己管住嘴,却总是三分钟热度。但学习了营养学之后,我了解到糖让人成瘾的机制,并且明白胰岛素的加入更是进入一个恶性循环,于是没有费多大劲就戒糖成功了。

理性和感性往往是互相抵触的,在大脑皮质忙着分析与思考时,负责情绪感知和调控的部分也就被抑制了,此时人便很难被情绪所驱动,也很难不由自主地上瘾。

当你摸清楚一样东西的规则与机制,也正是它对你而言失去吸引力的时候。因为此刻它对于你来说已经不再"未知",一切神秘感和不确定性都荡然无存,你能看到它的一切原理和诱惑,绕开它想埋伏的成瘾陷阱。

对于社会风向,开启"创造者视角"后也会有不一样的洞见。

作为从大学到现在写了上百万字的互联网作者,我对文字的敏感度也是远超于常人的。盛行于互联网世界的各种体裁:软文、干货、鸡汤……作者究竟是真情实感流露,还是有意而为,是想煽动情绪,抑或是真诚共鸣,我大概都能从行文间感知一二。

所以,我不会轻易被网上的一些过度解读和歪曲解说的文章所煽动,或者被风言风语的短期谣言所误导,因为我始终保持着"创造者"的敏感度,不会单纯地被文字本身所诱导,而是会去仔细观察这段文字带给人的情感波动,以及思考作者究竟是怎么设计,从而诱导别人产生这种波动的。

即使内容不可取,但表达手法可以适当借鉴。

这或许可以称为一种"祛魅"。

当你站在消费者视角时，你所看到的一切东西，永远都是别人希望你看到的。

只有站在创造者视角时，你才能看透这些东西肤浅的表面背后，映射出的真相和本质。

03

接下来就是一些我总结的能让你获得"创造者思维"的方法。

1. 质疑，对你的生活保持审视。

如果我们看到的东西都不一定是真实的，那为什么我们不能时刻保持对生活的"质疑"呢？我从小就有一个习惯，就是干什么都喜欢问个为什么。

你说要我好好学习天天向上，那我努力的意义是什么？我不那么努力行不行？

你说努力的意义是为了让我考个好大学，那我考好大学的意义是什么？我考个一般的行不行？

你说让我考个好大学的意义是找个好工作，那我找好工作的意义是什么？我找个自己喜欢的工作行不行？

小时候这些问题都以我妈不耐烦的"吃吃吃，赶紧吃饭，怎么吃多少都堵不住你这张破嘴"而告终。

社会为了维持稳定的秩序，给我们设立了不少规则。这些规则不一定是对的，却是最管用的。该读书的年纪好好读书，该找工作的年纪找个稳定的工作，该结婚的年纪按时结婚，这样的日子不能说是你喜欢的，但至少没有错。

我们活在规则之中，按照规则的约束去行动，又被规则所塑造。

但你也需要知道，规则不一定是对的。人生不是考试，什么都会有标准答案，生活中的大多数规则，对我们而言都只不过是"仅供参考"。

当然，我们可能无法改变规则。敢于打破规则的人也永远是少数，但我们至少可以去质疑和审视规则中的自己。因为按照自己的想法灵活地周旋在规则之中，和按照规则循规蹈矩地生活，是两种截然不同的生活状态。

我们需要读书，但我们可以质疑，我内心真正想学的是什么，这些书是不是适合我读的。

我们需要找工作，但我们可以质疑，我的学历真的会决定我的工作吗？我可不可以去往其他方面提升自我价值呢？

让自己觉察到规则的存在，意识到它对我们的塑造和影响，再反过来去审视它，或许，你会摆脱规则所带来的思维惯性，找到另一种生活方式。

2. 还原，运行"逆向工程"。

创造与消费之间有时间上的先后关系，创造者会优先出场创造出一样东西，然后才轮到消费者去消费。

那我们从消费者视角再转回创造者视角的这个操作，就叫作"逆向工程"。

很多调皮的小孩都喜欢拆东西，把收音机、MP3、电风扇什么的拆得七零八落，零件散落一地，问他们理由时，大都会回答："因为不知道它是怎么动起来的。"

因为真的很好奇，里面到底是什么样的构造才能让它们运转起来，发出声音的。

而这其实就是一种逆向工程，把一个事物进行分解，还原到它最初的样貌，让自己更深入地理解它，对小孩来说唯一的 bug 就是拆完了拼不回去，但这也并不妨碍他们拆东西，所以我们可以试着迁移这种"强拆精神"到抽象层。

当你看到什么内容的时候，试着去跟踪它的发展轨迹，搞清楚它的来龙去脉。

当你发现什么现象的时候，试着去揣摩其发酵之前的迹象，分析它造成的影响。

当你听到什么声音的时候，试着去辨析它的真实性和传播方法，客观看待。

这并非多此一举，而是为了保持清醒，而且推理过程真的很有趣。

2020 年的"腾讯大战老干妈"事件红极一时，先是腾讯状告老干妈拖欠 1624.06 万元的广告投放费，之后老干妈却回应称从未与腾讯公司进行过任何商业合作，最后发现是三个无关人员伪造老干妈公司印章与腾讯签订的合作协议。

这一通神反转让吃瓜网友十分惊异，最后以腾讯撤诉告终。

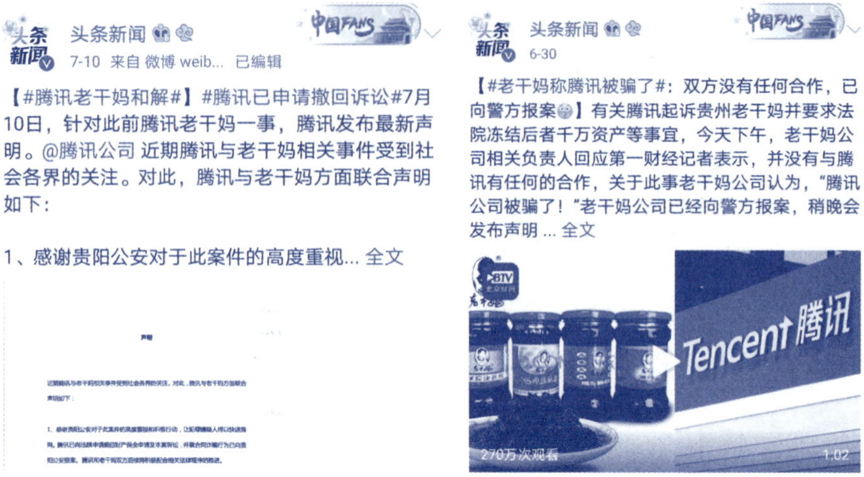

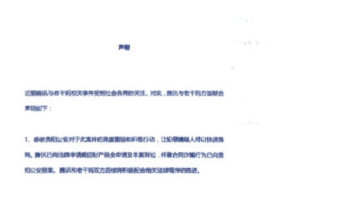

图 5-2 腾讯老干妈事件新闻始末

表面看上去是腾讯被骗了 1624 万，但它真的亏了吗？首先说 1600 万这个数字，以腾讯千亿级别的季度营收来看，根本算不了什么，若是想补亏出个王者新皮肤就轻松赚回来了。

但腾讯的这次自嘲，以及大家一起凑的热闹，本身就是一次非常漂亮的公关操作，一下子就把腾讯定调为憨憨蠢蠢的傻白甜形象，一时间玩梗无数。

腾讯这种级别的巨头企业早就不在意钱不钱的了，他们更在意的是品牌形象，而这次的老干妈事件，让大家对腾讯的蠢萌印象分飙升，漂亮地进行了一次品牌形象优化。

而这样一次现象级的企业形象优化，可能就算去疯狂买广告牌推广位，满电梯贴小广告都不一定能做到。

所以说，真相和表象的关系往往是复杂的，它从来都不会表里如一。

你看到的那些表面上的"美好幻觉"也并不一定是真的，唯有把它拆开，去观察它那"真实的内部"，去探明表面背后，那些"看不到的"东西，是什么。

这样也许你才会对这个世界有更深一层的理解。

3. 转向，从"消费"到"创造"。

这点很好理解，就是当你意识到自己正在纯粹"消费"时，尝试去转向"创造"。

当你看到了一篇优秀的文章，花费时间去阅读。但你有没有想过自己也按照这篇文章的结构和手法，去创造一篇文章呢？

当你看到了一部很精彩的悬疑电影，花费注意力去观看。但你有没有想过去主动拆解作者埋伏笔和设线索的手法，去做一期电影解析呢？

当你玩到一款制作精良的游戏，当然不用你去再做一个游戏，但你有没有想过去主动寻找游戏彩蛋，创造新的玩法，写攻略分享出去呢？

> 这种大神经常出没在一些自由度极高的游戏里，比如《塞尔达传说》和《我的世界》。

这些都是将思维从消费转向创造的一种引导方式。

一件事物最终呈现在消费者面前，背后一定是经过了层层设计的，但我们往往只能看到最外面的那一层。而当你不满足于它的表象，试着将它用你的方式还原重组，以自己的审美和思考方式呈现在大众面前的时候，你就算是从一个消费者变为了创造者。

所以，如果你有了感兴趣的东西，试着不要只是去消费它，而是去参与创造它。

这是一个需要调动深度思考能力和执行力的过程，也是厉害的人和普通人的本质区别。

当你开始创造时，你会感受到比你单纯停留在"消费"时更高层级、更丰富的体验感。当你能够以创造者视角去俯瞰一切问题，解构一切逻辑，此时，世界开放，答案铺开，问题早已不再是问题。

作为一个创造者去思考与解析，或许面对一切复杂的现实你都不再会茫然与无措。

"欢迎来到我的世界。"

"欢迎来到我的世界"

开启创造者视角，俯瞰一切问题，
解构一切逻辑，此时，世界开放，答案铺开。

02

未来 50 年，AI 是解放你的双手，还是取代你的大脑

人工智能（Artificial Intelligence），简称 AI。

近几年围绕着 AI 所展开的议题角度，或技术，或社会，或经济，或哲学，它是未来无法避开的"时代的大趋势"。

包括科技变化的趋势，社会变化的趋势，经济变化的趋势……这些趋势代表着"未来潮水的走向"，它能把我们推往大海深处，也能让我们搁浅在沙滩。

读过前几章，或多或少你都会对这个大数据世界多一些敬畏和防备，这一章我们不妨让思绪再飘得远一点儿，开一些脑洞，聊一些轻松却也值得你思考的事情。

写下这篇文章时是 2020 年 10 月 29 日，刚好是互联网 51 岁生日。

（因为在文中词义相近，下文的互联网和 AI 两词将互相替代使用。）

01

我 1997 年 12 月出生,在这本书写完的前一个月,我收拾屋子翻箱倒柜,发现了一个怀旧的东西:

图 5-3　PSP3000 主机

这是我初中时自己攒钱买的第一台游戏机,SONY 的 PSP3000,还是当时最流行的晶体蓝,真的是时代的眼泪了。

记得当时我特爱玩游戏,那时的互联网尚不发达,最流行的在线游戏网站是 4399 小游戏和 7k7k 小游戏,而 PSP 算是 2013 年最高端的掌上游戏机了。

玩着怪物猎人和太鼓达人,我一直在想,十年后最流行的会是什么游戏机呢?以我贫瘠的想象力,根本想不到未来会诞生手游和 VR 游戏。

但没想到,仅仅过了七年,现在,不只是主机游戏更新换代,我们这代人的娱乐习惯也被彻底颠覆了。

3D 画面代替了像素格，5G 代替了 2G，先是端游占领市场，后是手游崛起，游戏的画质越来越高级，引擎也越来越快速。

曾经单纯作为通信工具的手机，如今更多地被用来拍照、上网冲浪玩手游。当然现在的年轻人也不用按键手机了，都是智能触屏配个 Siri。

淘宝、支付宝、公众号、手游、短视频……一代代新的时间侵占工具崛起，将我们的注意力牢牢锁于屏幕之中。

这些都是我亲身感受的互联网短短几年的变迁，但现在我说起来，感觉就像上个世纪的事情了。

1999 年，北京做过一个实验，叫作"互联网生存挑战"。要求参与者住在指定的酒店里，足不出户，只依靠一台联网的电脑度过 72 小时，一切日用品和食物都需要在网上购买。

那个年代人们对互联网的认知还停留在"浅尝辄止"的程度，但如今它已经进入了人们的日常，现在如果换成 72 小时断网挑战，估计很多人连第一天都撑不下来。

尽管互联网的野蛮入侵让人不安，但不得不说我也非常感激互联网，如果没有互联网，我很难接触到如此浩瀚的信息，更别说形成现在的世界观。

以前知识一直都被少数人垄断，我们只能从学校的教材、书店里的书和电视播放的科教节目里学知识。但这些知识也都是被那些"少数人"给筛选过的，选择呈现给我们看的标准化知识。

光读统一印刷的教材，看不知道被剪了多少的电视节目，是很难看到真正的世界是什么样的。世界有多大？有什么样的人？大家都有着什么样的价值观？在信息被互联网变得透明化之前，我们都没机会知道。

但人在不断地摄入信息的同时，也在不断地被智能算法归类，被剖析，乃至被控制。

人越离不开某样东西，也就越容易被其操控。

互联网的红利正在消退，AI 正在悄然兴起。即使现在 AI 尚处于蛮荒期，尚未强行干涉我们的生活，但我们可以提前大胆设想——

未来的 50 年，将会出现两类人，一类人被 AI 解放了双手，而另一类人被 AI 替代了大脑。

02 "被 AI 解放双手的人"

自从毕业后，我就一直在想以后得找什么样的工作，才不会被 AI 所取代。

纯体力活的工作肯定会被慢慢淘汰。我家楼下之前有很多帮忙背东西搬家的，还有蹬三轮车的，现在都交给货拉拉和滴滴了。

AI 的发展给人带来的最大的担忧就是造成了大量务工人员的失业，将引发大规模的失业潮。智能交通、无人驾驶、无人超市、无人酒店、无人工厂的推出无不昭示着，不论我们是否愿意，人工智能已经成为不可逆转的趋势。

在我看来，这并非坏事，即使在未来的十五年之内，也许有一半人类的工作将会被 AI 部分或者全部取代，但这些能够被 AI 所取代的工作往往是机械重复性的，比如售货员、前台、检票员等。

我们不应该为现在的 AI 而焦虑，因为它目前仍然停留在"弱人工智能"的阶段。

哲学家塞尔将那些只会计算、推断、解决具体问题的机器智能叫作"弱人工智能"，只能在专用的、受限制的轨道上越算越快，越来越强，比如 AlphaGo。而拥有意识、自我创新思维的机器智能称为"强人工智能"，不仅是一种工具，而且本身拥有思维，有自己推理和解决问题的能力。

许多赛博朋克科幻片中，人与机器人的智斗抗争就是以"强人工智能"为背景的，但离我们还非常遥远（这值得我们庆幸）。

反而是现在发展的"弱人工智能"，刚好能够替代我们做那些机械重复性的工作，比如审核员工报销、结算购物清单、快递配送等。还有一些恶劣环境下的各种作业，如自然资源开采、水下勘察、垃圾清理、灾害救助等。

它们能将我们从琐碎的工作中解放出来，从而去做更多需要创造力的事情。那些"人类不喜欢、不擅长、消磨心智"，但能提升全民生活质量的工作反而是 AI 的发力区。

根据 AI 的特性，我们可以简单猜测在未来哪些工作极有可能被 AI 取代。

服务员
——被点餐系统与自动上菜系统取代。

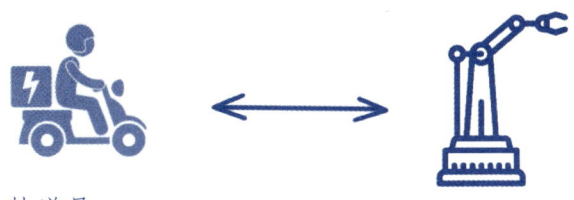

快递员
——被物流配送机器人所取代。

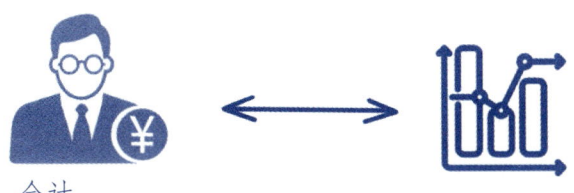

会计
——被高效计算的人工智能系统所取代。

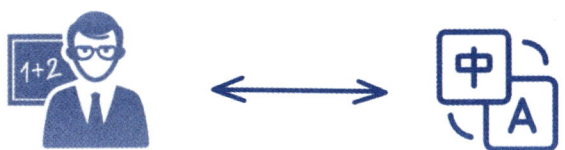

翻译
——被自动语言识别及翻译系统所取代。
……

图 5-4　AI 可能取代人工的行业

即使"AI 取代人类"被各种营销号、电影小说等夸大得十分唬人，但目前的 AI 理解世界的核心方式依然是"识别"，它只能根据抓取到的数据进行识别再匹配，而非像人一样去理解和推断，不然不会有那么多人调侃现在的人工智能为"人工智障"。

而人类理解世界的核心方式，远不止识别，还有"想象""感觉""意义"。

金庸小说《白马啸西风》中有一句话："那都是很好很好的，可是我偏不喜欢。"AI能够从多个维度、多个标准识别出"好"与"更好"，却唯独无法识别"喜欢"与"不喜欢"。

李开复认为，正因为AI没有感情，思维方式也相对单一，所以只有关爱型工作和创意型工作不会被取代。

这两类工作具体分为这几个方面：创意性工作、战略性工作、灵敏性工作、需要适应全新或者未知环境的工作、同理心及人性化工作。

这些无法被取代的特征，恰恰才是身为人的真正价值。

即使短期内的大规模失业引发了许多争议，但以未来发展的视角来看，这也必然会带来更多新的工作机会，且会是更加有创意性、意义性、钻研性的工作。

这种取代不妨说是"解放了人类的双手"，转而让人把更多的专注力用来开发人脑越来越多的潜能，做更多只有人能做的事情。

因此，"弱人工智能"带给我们的启示就是："创造力"和"想象力"会成为人类的核心优势，随着AI发展，这部分人会被优先解放双手，发挥出自己越来越大的价值。

我现在也更倾向于去做创造类的工作，发展有创意性的兴趣。

比如写作，虽然AI也可以当一个无情的打字机器，但它写不出有灵魂的文章。

比如坚持手绘，虽然 AI 可以智能绘插画，但它画不出有风格的、有纸质感的画。

我有时也会借助大数据去分析一下自己文章的阅读量、关注增长数、趋势变化等。

但是我只是把互联网作为一种工具来辅助分析，而不是让它来统治我，代替我思考。

反之，另一部分人则不那么幸运了。

借用脸书前科学家杰夫里·哈默巴赫（Jeffrey Hammerbacher）的一段感慨：

> "我们这一代最聪明的大脑，没有花多少精力思考如何利用人工智能改善人们的生活，而是思考怎么让人们点击更多广告、消费更多、把物质欲点燃到极限……"

03 "被 AI 替代大脑的人"

互联网的创立人之一伦纳德·克兰罗克（Leonard Kleiurock）有些忧虑：

> 互联网上、电脑里、硬盘里的东西，都不在你的大脑里，这样，等你开车、洗澡时，因为它们不在你的大脑里，你就没法利用它们来进行思考，没法通过它们组合出新的东西。
>
> 我们思考的能力正在被夺走。

在互联网上，你可以通过 AI 算法看到自己喜欢的东西，得到即时反馈和不断的刺激，需要一个星期才能读完的书，在喜马拉雅上一篇书评就给你浓缩了。需要上四年大学才能领悟的道理,看知乎的一个回答就提前明白了。

看见什么干货攻略,我们第一反应不是赶紧看完,记住,想想自己该怎么用,而是收藏起来存到百度网盘里。遇见什么问题,我们第一反应不是先调动自己的知识量去思考,而是马上打开百度或者知乎搜答案。

包括面临人生的岔路口时,也越来越少的人能够靠自己选择想走的路,而是去微博、贴吧寻求帮助,在志愿填报系统中做大学选择分析,或者上知乎提问……

我们正在让互联网替我们记忆,思考,做决定,或者说,让互联网慢慢替代我们的大脑。

我们读书的时间越来越少,思考的东西越来越浅薄,天天想得最多的就是中午吃什么和晚上吃什么,打开手机不是刷抖音就是追剧。想控制自己去做一点儿提升自我的事情时,却发现让自己专注一个小时好好看书,忍住20分钟不看手机,已经越来越难了。

被互联网所慢慢替代大脑的人,会出现一种特征:无法控制自己的行动,无法专注自己的思考,也无法左右自己的思想。

你可以想一想:人类历史上,唯一无法控制自己,不能思考,拥有完整身躯却无法驾驭的种群是什么?

——没错,是丧尸。

这种人逐渐失去对自我的控制力的现象,在互联网社会里也有一个专属名词,叫作"丧尸文化"。

虽然电影里的丧尸总是为了节目效果而表现得很夸张,但本质上，丧尸的特征就是控制不了自己的行为和身体，听不懂别人说话，并失去了独立思考的能力，只遵循最基础的生理层面的刺激而行动。

互联网是一种能解我们无知的药，但同时也是一种能侵入我们的病毒。我们的社会慢慢开始蔓延起来另一种慢性的、不易察觉的病毒——电子病毒。

"电子病毒"就是指王者荣耀、抖音、知乎、淘宝等 App，你可以把任何会让人上瘾、对人有害的，会不停消耗我们时间精力的东西，都理解成一种病毒。

它会慢慢把人变成"现代丧尸"，这样的人生活没有高级目标，只有基本需求。不去想也不去探索什么追求和理想，只享受当下的快感。

> 并非说所有的 App 都是病毒，如果你有自控力，脱离后也不会影响自己正常的生活状态，且不会对它们上瘾，那对你来说就不是病毒。

最可怕的是，因为已经丧失了思考能力，受丧尸文化影响的人即使生活得很落魄，他们也无意改善，甚至都不去想这事。不去思考，不愿探索，得过且过，浑浑噩噩。

说到这里，我并没有在批判，认为互联网有罪或丧尸文化不好。因为在一个安全、舒适的社会中，人慢慢变得懒惰和不思进取，是一种再自然不过的发展。

因为如果你活在一个很稳定的社会，你会发现其实"不求上进"才是主流文化。生存压力降低至 0，信息获取的成本无限下降，社会阶级越发固化。处在这个低欲望社会，"拼搏""上进"的性价比慢慢变得不是那么高。

那些敢力争上游、有所追求的人，属于非主流，他们注定是极少数。

这种文化是技术进步以及社会稳固后的必然，每个人或多或少都感染了"丧尸文化"，只不过有人感染得多，有人感染得少，还有的人脑子直接被吃掉，完全失去独立思考的能力。

我们用不着批判和抵制这种文化，但我知道仍然有不愿意沾染这种"丧尸文化"的人存在，作为一个独立思考的践行者，我也会用我的经验，在下文中告诉你"中毒"后该怎样"解毒"。

04

没有人会否认，互联网真的很逆天。但同时，互联网也剥夺了我们一定的"人性"。这里所说的"人性"，是我们和其他动物之间本质区别的三个部分：

好奇心、未来意识、独立思考力。

1. 好奇心

我还没拥有自己的第一部手机的时候，每天都在向世界中看到的各种东西问"为什么"，吵到爸妈都害怕得躲着我走。但现在每当谁家小孩来我家串门，他们都各自玩着手机，或者回微信，或者打手游，变得日渐沉默。

我们看了太多别人嚼碎了递到嘴边的干货，网红们精心设计的短视频，在各种刺激下变得越来越迟钝，懒得思考，懒得再问"为什么"。

2. 未来意识

人类是唯一具备"未来意识"的高等动物，被剥夺未来意识，则是说我们无法再对未来有感知，越来越难以关注长期价值，为自己的未来做打算。

遇到点儿难处，就想逃避，可耻但有用，先玩几把王者解解压再说。被一时的爽感所诱惑，而越来越难静下来长期坚持一件事。

3. 独立思考力

人越来越凭借自己的第一反应和本能行动，而非先经过思考。如今网上戾气越来越重了，我现在去微博评论一下都要加好多括号，生怕别人误解自己的本意。

刻意带节奏的新闻越来越多了，只会用越发震惊和狗血的标题来吸引眼球，很多人根本连动脑子想想的时间都没有，就马上激情转发加入键盘侠大军了。

你一定要建立一种认知——互联网、AI 的发展应该用来解放我们的双手，而非取代我们的大脑。如果你已经或多或少感染了电子病毒，或者发现自己离开互联网就会无所适从，难以行动，可以试试从这几个方面"解毒"：

1. 每天都腾出 1 小时不玩手机。

这样能够减少你感染病毒的机会，这段时间可以读一本书，或者出去徒步看看风景。

2. 有一个需要自己专注的兴趣爱好。

并非所有兴趣爱好都拥有抵制电子病毒的能力，只有能够让你高度专注的兴趣爱好，才能让你进入一种"心流"状态，远离一切短期刺激性诱惑。

我最近有了一个新爱好，就是拼装高达模型，不是直接购买成品，而是有好几百个小零件，需要自己动手拼。每天全神贯注拼装模型，给我带来的成就感都是刷手机所无法比拟的。

有一个需要自己专注的兴趣，会让你对自己的生活幸福感和掌控感提升。多关注自己的内在感受，而非寻求外界刺激。

图 5-5　我的高达拼装

3. 不要只消费，也多去创造。

我一直说大家不要只当消费者，不要只去刷别人的视频，看别人的文章，也要试着通过自己的大脑和双手去产出一些原创的、有价值的东西。

万物皆是双刃剑，AI 亦不例外。许多人已经许久未曾反思过：

"我有多久没有好好靠自己思考过一个问题，而是直接上网搜攻略和答案？"

"我有多久没有问过'为什么'，或者靠自己去动手做一样东西了？"

"我有多久没有静下心来好好看一部电影，认真阅读一篇很长的文章了？"

人类越是追求"懒"，就越是离"人性"远了一分，这也侧面告诉我们，当我们想要提升个人能力时千万不要学习那些 AI 擅长的能力，这些能力关键词包括：

"套路"

"记忆"

"复制"

"机械"

"不变"

"稳定"

"便利"

这些在未来都不该是人所追求的，而该是 AI 所追求的。人应该追求的，是"意义""想象""探索"和"好奇心"。

到最后，咱们不妨做一个小约定。

好好吃饭，好好锻炼，保持思考，坚持阅读，等到 2030、2050、2080 年，我们一起看看那时的世界，会是什么样的。

被 AI 剥夺的"人性"

守住你的好奇心、未来意识、独立思考力，
　　被解放双手，而非被替代大脑。

人的天赋与好奇心是无限的。

从在山洞中敲燧石，到在实验室撞击釉原子，

你见证着各类天才的力量，

你潜力无穷。

致谢

感谢邀请我出版的知乎编辑们；
感谢愿意推荐这本书的大 V 们（我们甚至不熟）；
感谢懂我多变审美的设计师；
感谢居然能写完这本书的我自己；
——最后，
感谢愿意看到这里的你。